新基建丛书

新基建时代智慧灯杆建设指南

中通服中睿科技有限公司　主编

广州优壹互联科技有限公司　参编

张惠乐　李翔宇　李宝文　林　宁　董　力

苏焕成　许百宏　钟志成　陈文雄　周建锭　编著

电子工业出版社

Publishing House of Electronics Industry

北京 · BEIJING

内 容 简 介

本书结合智慧灯杆的技术理论和国内外建设实践，从介绍智慧灯杆的内涵和功能入手，为读者呈现智慧灯杆行业发展现状，展望未来的发展趋势，以通俗易懂的语言，全面、系统地剖析智慧灯杆系统架构和相关技术，在此基础上探讨智慧灯杆系统的顶层规划、工程设计，以及投资建设运营模式的总体思路、策略、方法和技术要求，并重点对智慧灯杆与5G的融合部署提出相应的建设思路和解决方案。全书既涵盖了当前理论研究的最新成果，又浓缩了工程实践经验，既可作为从业人员的工作指南，也可作为普通读者的科普读物。

图书在版编目（CIP）数据

新基建时代智慧灯杆建设指南 / 中通服中睿科技有限公司主编；张惠乐等编著 . —北京：电子工业出版社，2021.10

（新基建丛书）

ISBN 978-7-121-42004-7

Ⅰ．①新… Ⅱ．①中… ②张… Ⅲ．①智能技术 – 应用 – 室外照明 – 指南 Ⅳ．① TU113.6–62

中国版本图书馆 CIP 数据核字（2021）第 184888 号

责任编辑：刘小琳

特约编辑：刘广钦　　曹红伟

印　　刷：北京市大天乐投资管理有限公司

装　　订：北京市大天乐投资管理有限公司

出版发行：电子工业出版社

　　　　　北京市海淀区万寿路 173 信箱　　邮编：100036

开　　本：710×1 000　1/16　印张：21　字数：370 千字

版　　次：2021 年 10 月第 1 版

印　　次：2021 年 10 月第 1 次印刷

定　　价：86.00 元

凡所购买电子工业出版社图书有缺损问题，请向购买书店调换。若书店售缺，请与本社发行部联系，联系及邮购电话：（010）88254888，88258888。

质量投诉请发邮件至 zlts@phei.com.cn，盗版侵权举报请发邮件至 dbqq@phei.com.cn。

本书咨询联系方式：（010）88254760。

编委会 + ⊙

　　中共中央政治局常务委员会在2020年3月4日召开会议，会议强调："**加快5G网络、数据中心等新型基础设施建设进度。**"自此，以5G基建建设、特高压、城际高速铁路和城市轨道交通、新能源汽车充电桩、大数据中心、人工智能、工业互联网为代表的"新基建"项目成为各地投资建设的重点，全国各地掀起了一股"新基建"浪潮。"新基建"具有数字化、智能化、跨行业融合等明显区别于传统基础设施的特征，而智慧灯杆作为传统基础设施与新型信息通信技术融合的典范，密切连接着"新基建"的众多领域。首先，智慧灯杆作为实现智慧城市数据采集的载体，是智慧城市的"神经末梢"，通过智慧灯杆搭载智慧应用设备，有助于实现智慧城市运营系统的全面感知与互联互通，提高智慧城市的服务管理能力。其次，智慧灯杆作为5G基站的天然搭载体，已成为5G密集组网的首选站址资源，5G具有的超大带宽、超高可靠性、超低时延、超大连接等关键网络性能也赋予了智慧灯杆更多的商业应用价值，5G与智慧灯杆的融合可面向智慧城市中具有极端差异化性能需求的多样化业务场景。再次，智慧灯杆搭载的应用多采用物联网感知技术、5G应用、数据采集与分析技术、人工智能技术、工业互联网设备等与"新基建"相关联的应用技术与设备。总之，智慧灯杆的商业价值和发展潜力，使其在智慧城市建设过程中具有极其重要的地位，建设智慧灯杆对于实现城市精细化、智慧化管理具有重大意义，未来10～20年将迎来智慧灯杆行业红利的爆发期。

　　中通服中睿科技有限公司（以下简称"中睿公司"）积极响应国家新基建战略布局和行业发展需求，早在2016年就开始着手智慧灯杆领域的技术研究，并在公司内部成立了专门的技术研究机构，与行业组织、业界知名企业保持密切的技术合作和互动交流，时刻关注行业和技术的最新发展动态。近两年，中睿公司作为智慧灯杆建设规划咨询、勘察设计及施工总承包服务单位，先后完成了广东、内蒙古、海南等多个城市的顶层规划及试点项目，参与了广东省智慧灯杆技术标准的编制工作，积累了宝贵的工程实践经验和技术研究成果。

《新基建时代智慧灯杆建设指南》一书是由中睿公司从事多年信息通信、智慧灯杆规划设计工作的技术精英联合智慧灯杆产业联盟、信息与通信技术（ICT）解决方案供应商华为公司的行业专家精心编写的。本书从现状与形势、架构与功能、规划与设计、实施与案例等方面讲解了智慧灯杆的系统建设理论方法与实践经验，这将为从事智慧灯杆投资建设、规划设计、运营管理等工作的广大读者提供极具价值的技术指引和经验借鉴。

作为智慧灯杆工程技术研究领域的早期成果，本书基于编著团队对新一代信息通信技术变革与新基建时代城市基础设施数字化、智慧化发展的深刻理解，在谋篇布局上别具一格，从初探篇到系统解构篇，再到规划设计篇、实践部署篇，逻辑架构完整清晰，篇章之间前后呼应，内容通俗易懂，紧贴工程建设实际，相信无论是专业人士还是普通读者，阅读后都能从中获益。

目前，我国多个省市相继出台了推进智慧灯杆建设的相关政策，期待本书的出版能够为智慧灯杆的产业发展带来积极的影响。

中通服中睿科技有限公司总经理

2021 年 6 月于广州

目前，中国在5G和车联网的技术标准研究及产业发展方面均处于全球领先地位。车联网有可能成为5G时代最重要的行业应用，基于C-V2X的车路协同系统也需要成熟、稳定的5G网络在路侧部署的配合，智慧灯杆作为路侧感知、边缘计算、协同控制的末端神经，将发挥重要作用。本书全面而系统地介绍了智慧灯杆的技术、规划、建设、运营、商业模式探索等，有助于产业界共同推进"5G+车联网"的发展。

陈山枝

2021年7月于北京

陈山枝，工学博士，教授级高级工程师，博士生导师，毕业于西安电子科技大学及北京邮电大学。IEEE Fellow，国家杰出青年科学基金获得者，国务院政府特殊津贴专家，新世纪百千万人才工程国家级人选。

陈山枝现任中国信息通信科技集团有限公司（以下简称"中国信科"）党委常委、副总经理、专家委主任（大唐电信科技产业集团副总裁，大唐电信科技产业控股有限公司高级副总裁），无线移动通信国家重点实验室主任，新一代移动通信无线网络与芯片技术国家工程实验室理事长及主任，中芯国际集成电路制造有限公司（SMIC）非执行董事。陈山枝博士曾任国家"863"计划信息技术领域专家组成员，以及国家"新一代宽带无线移动通信网"重大专项实施方案编制组专家成员等，为实现我国主导的4G TD-LTE和5G核心技术突破、国际标准制定和产业化做出了重要贡献，目前主持5G和车联网技术与标准研究及产业化工作。

　　智慧灯杆是跨界融合的新兴产物，对未来智慧城市建设至关重要，也是5G新基建的一个重要领域，目前市面上鲜有全面、详细讲述智慧灯杆发展的来龙去脉、技术体系和工程实践的专业书籍，本书为智慧灯杆的投资者、管理者、从业者等人员带来了福音。

靳东滨

2021 年 7 月于北京

　　靳东滨，博士，教授级高工、国务院政府特殊津贴专家。历任黑龙江省原邮电管理局副总工程师、原邮电部电信总局传输处处长、中国电信集团网运部总经理、海南省电信公司总经理、中国电信集团副总工程师。目前任中国通信企业协会通信网络运营专业委员会主任。长期从事信息通信领域的技术工作。

　　智慧灯杆作为"万物互联"新时代的重要载体和数据入口，其涉及需求面广、技术领域多，《新基建时代智慧灯杆建设指南》一书为读者清晰勾勒了智慧灯杆的发展脉络和未来走向，并从面、线、点多个维度厘清了智慧灯杆系统的知识框架体系，有助于引领智慧灯杆产业健康发展。

2021 年 7 月于北京

　　闪宁，教授级高级工程师，全球首届 FIDIC 认证咨询工程师，法国巴黎 HEC 商学院 EMBA，挪威管理学院 MBA；中国通信企业协会理事、中国设备监理协会理事；曾任中国工程咨询协会常务理事、通信设计施工专委会副主任兼咨询工作部秘书长。历任原信息产业部北京邮电设计院副总工程师、北京煜金桥通信建设监理咨询有限公司董事长兼总经理、中国移动通信集团设计院有限公司副总工程师、大唐电信科技产业控股有限公司副总裁、中国国际工程咨询公司/中咨工程建设监理公司工业和信息化事业部总经理、杭州义益钛迪信息技术有限公司副董事长；现任 UT 斯达康通讯有限公司董事长。

智慧灯杆是践行新发展理念的具体实践，目前市面上对智慧灯杆产业的认识尚不足，本书从智慧灯杆的起源讲起，全面涵盖了理论技术和实践案例，深入浅出、通俗易懂，有助于推动业界对智慧灯杆认识的融合统一，引领、打造智慧灯杆产业生态，促进产业持续健康发展。

2021 年 7 月于广州

庞铁，高级工程师，毕业于华南理工大学。现任广州无线电集团有限公司党委委员、副总经理，广州广电研究院有限公司董事长。广州无线电集团作为广州市智慧灯杆投资建设运营主体，依托集团强大的科技创新实力构筑智慧灯杆软硬件产品全产业链优势，助力广州创建基于智慧灯杆的"设施整合、数据共享、管理协同"城市智慧治理模式，探索具有"广州特色"的智慧灯杆投资、建设、运营之路，为打造智慧灯杆产业生态做出了突出的贡献。

　　本书从智慧灯杆的功能、所涉及的技术，到智慧灯杆系统的规划、工程设计及具体工程实施，全面地论述了智慧灯杆在新基建时代的重要性，对从事智慧灯杆建设的工程设计和施工人员具有指导意义，对智慧灯杆的管理部门和管理者也有重要的参考价值。道路照明正在向智慧照明方向发展。智慧灯杆在城市均匀分布，将成为智慧城市的终端节点，可以承载多种数据采集和控制装置，赋予其除道路照明外的更多功能，成为智慧城市不可或缺的重要组成部分。本书可以作为智慧灯杆从业者的一本工具书。相信关注智慧灯杆的人也会感兴趣的。

陈燕生

2021 年 7 月于北京

　　陈燕生，毕业于西北工业大学。曾经在航空工业系统学习和工作近 20 年。从事照明行业工作近 30 年，1994 年到中国照明电器协会工作，历任秘书长、副理事长兼秘书长、理事长。现任中国照明电器协会理事长、全国照明电器标准化技术委员会主任。对国内外照明行业有较深入的研究。目前担任全球照明协会（Global Lighting Association）副主席。

　　智慧灯杆是新基建浪潮中城市信息基础设施的重要组成部分，相对于传统通信运营商的基站，智慧灯杆有着更广阔、更灵活的部署方式和更开放的商业模式。本书从技术演进、运营模式、具体应用等多个方面给出了全面的解读，将有利于信息基础设施的广泛推广，也有助于提升城市综合管理水平。

2021 年 7 月于广州

　　邓靖，广州市信息基础协会秘书长，广州市社会组织优秀人才、广州市智慧灯杆专家。历任广州市现代信息服务行业协会对外交流合作部部长、广东省商务网络应用协会秘书长、广东省低碳企业协会对外交流合作部部长、广州市创新电子商务交流服务中心主任。曾参与 2019 年《广州市智慧灯杆（多功能杆）系统技术及工程建设规范》编制工作，在信息基础建设领域有多年的管理经验。

　　智慧灯杆是践行新发展理念的具体实践，是"建造智慧社会、助推数字经济、服务美好生活"的重要抓手。目前业界对智慧灯杆产业的认识尚存在一定不足，本书从智慧灯杆的起源和内涵讲起，全面涵盖了理论技术和实践案例，深入浅出，通俗易懂，将引领业界加深对智慧灯杆技术体系和社会价值的认识和理解，带来广泛、积极的影响。

2021 年 4 月 23 日，广州

　　肖群力，毕业于华南理工大学，现任中国通信服务广东公司副总经理，兼任广东通信服务研究总院院长、广东省大型骨干企业中央研究院院长，具备多年的通信产业服务管理经验。

　　智慧灯杆的概念自"诞生"以来，经历了5G呼唤、政策驱动、试点示范之后，于2020年正式步入了爆发式成长期，这一极具发展潜力的新型基础设施已成为智慧城市的重要配置。智慧灯杆涉及的技术和管理广泛、体系庞大，各地的建设也存在较大的差异，业界对于智慧灯杆的研究一直处于百花齐放的状态，没有形成统一的标准化体系框架，这对智慧灯杆产业持续健康发展产生了一定的不利影响。

　　2019年中睿公司参与编制广东省《智慧灯杆技术规范》时，就有业界的同人提议聚集智慧灯杆产业联盟各方的优势资源来共同编著一本兼具理论性、实践性、指导性的智慧灯杆规划建设方面的书籍，力求为国内相关政府主管部门、企业及广大从业人员梳理国内外智慧灯杆发展的整体情况和知识框架体系，描绘智慧灯杆未来的运营模式和发展路径，帮助各方更好地解决在未来智慧灯杆建设实践中遇到的疑惑和问题。后来在2020年7月底的智慧灯杆产业合作交流沙龙上，与智慧灯杆产业联盟的苏焕成秘书长、华为公司的李翔宇先生再次谈及共同编著书籍事宜，大家在编著本书的价值和意义上达成了共识，随后便紧锣密鼓地制订了编著计划并付诸行动。

　　基于当前国家大力推动新基建的时代背景及智慧灯杆与新基建之间的紧密联系，本书最终取名为《新基建时代智慧灯杆建设指南》，在章节设计上共分为4篇：初探篇、系统解构篇、规划设计篇、实践部署篇。第一篇设1章，介绍智慧灯杆的前世今生，从智慧灯杆的起源入手为读者梳理智慧灯杆发展的来龙去脉，帮助读者建立对智慧灯杆发展态势的整体认识。第二篇包括第2、3章。第2章智慧灯杆系统架构与功能尝试擘画智慧灯杆系统的发展愿景，从技术实现的角度，以结构化的形式来解构智慧灯杆系统，并从服务对象的视角一一介绍智慧灯杆的各种系统功能。第3章智慧灯杆赋能技术主要介绍为智慧灯杆赋能的主要信息通信新技术，让外行人士对相关技术有一个宏观上的认识。第三篇包括第4~6章。第4章智慧灯杆系统规划为读者梳理智慧灯杆规划的总体思路、工作流程及工作要点，重点讲述顶层规划的理念、思路、分析方法及主要内容。第5章智慧灯杆工程设计详细介绍智慧灯杆工程设计总体原则及照明、杆体、机箱、供电、通信、管道等相关专业的工程设计技术要点。第6章5G+智慧灯杆融合部署从5G网络技术的特点和部署原则入手，探索5G与智慧灯杆的融合之道，重点分析5G与智慧灯杆的融合契机、技术适配性，以实践案例讲述智慧灯杆搭载5G的解决方案、5G应用，并对未来5G+智慧灯杆的融合发展提出建议。第四篇包括第7、8章。第7章智慧灯杆建设实施路径提出推动智慧灯杆建设落地的总体思路，重点对智慧灯杆建设关键要素和运营模式梳理分析，期望能给读者在探索智慧灯杆建设、运营成功模式的路上带来一些思考和启示。第8章智慧灯杆应用案例通过介绍交通道路、产业园区、住宅社区、商业步行街等不同应用场景的实践案例，让读者更深入地了解智慧灯杆方案设计的思路和要点。

　　本书作为业界首次尝试全面、系统诠释智慧灯杆建设的书籍，旨在推进智慧灯杆产业发展、促进各行业研究与交流，为推动形成更加完善的智慧灯杆知识体系贡献绵薄之力。囿于作者水平及时间，本书定存在诸多疏漏及不足之处，恳请同行专家及热心读者提出宝贵的意见及建议。

中通服中睿科技有限公司智慧杆研究院院长

2021年6月于广州

　　我国经济已由高速增长阶段转向高质量发展阶段，正处在转变发展方式、优化经济结构、转换增长动力的关键期，建设现代化经济体系是跨越关口的迫切要求和我国发展的战略目标，并持续深化供给侧结构性改革，加快建设创新型国家，包括加快建设制造强国，加快发展先进制造业，推动互联网、大数据、人工智能和实体经济深度融合，在中高端消费、创新引领、绿色低碳、共享经济、现代供应链、人力资本服务等领域培育新增长点，形成新动能。

　　2020年，中国启动以5G为核心的"新基建"，加快经济转型升级。2021年3月公布的《中华人民共和国国民经济和社会发展第十四个五年规划和2035年远景目标纲要》，明确了"坚持创新在我国现代化建设全局中的核心地位"。其中，将数字经济单独列为一篇，并在主要目标中提出：2025年数字经济核心产业增加值占GDP比重提升至10%。推进网络强国建设，加快建设数字经济、数字社会、数字政府，以数字化转型整体驱动生产方式、生活方式和治理方式变革。

　　5G是支撑经济社会数字化、网络化、智能化转型的关键新型基础设施，目前，在"新基建"政策驱动下，全国各地积极布局，各行业加速跟进，已进入规模化部署与应用创新落地进程，渗透到政府管理、工业制造、能源、物流、交通运输、居民生活等众多领域，逐步构建起全方位的信息生态，开启万物互联的数字化新时代，对建设网络强国、打造智慧社会、发展数字经济，实现我国经济高质量发展具有重要战略意义。

　　改革开放40年来，通信行业是我国基础设施建设中增长最快、变化最大的领域之一，从最早的电报到拨号电话、程控交换机电话、寻呼机、大哥大移动电话，再到2G、3G、4G乃至5G，通信工具的变化映射出了时代的变迁，也印证了通信业的光辉历程。

　　5G开启了真正意义上的"万物互联"时代，通过广泛布局5G智慧灯杆等新型基础设施建设，不仅将从根本上改变移动网络的现状，促进数据要素的生产、流动和利用，还将让各行各业能够更便于联通协同、提供服务，带动万亿元级5G相关产品和服务市场的发展。

5G的网络建设正处于关键期，希望本书阐述的建设思路和应用场景，能够在未来几年内推动5G网络的不断完善，并将各类应用逐渐转化为现实，融入我们的工作和生活。

我们将怀着崇高的敬意，与业界同人并肩携手，为科技强国而努力奋斗！

李翔宇

华为公司高级顾问

2021 年 7 月

Q 目录⁺

第四篇 实践部署篇

PART 1

第一篇

初探篇

第 1 章

智慧灯杆的前世今生

"智慧"逐渐成为社会生产生活方式变革的代名词，关于传统路灯到智慧灯杆的演变，你了解多少？如何看待它未来的走向？本章将从智慧灯杆的起源入手，为读者梳理智慧灯杆发展的来龙去脉，帮助读者建立对智慧灯杆发展态势的整体认识。

🔍 1.1 追本溯源：从传统路灯到智慧城市新基建

1.1.1 智慧灯杆的起源

众所周知，智慧灯杆源于城市照明的传统路灯。路灯的发展史是一部人类追求户外光明的历史，从自然光源到白炽灯，再到 LED 灯，人类的照明史经历了漫长的演变过程。路灯是随着社会经济和照明技术不断发展的，其最初仅用于道路照明。最早的路灯可以追溯到 1417 年，当时的伦敦市长亨利·巴顿为了让伦敦冬日漆黑的夜晚明亮起来，发布命令要求在室外悬挂灯具照明，这便是路灯的初始形态。1667 年，被称为"太阳王"的路易十四颁布了城市道路照明法令，巴黎街头开始悬挂路灯。1806 年，美国巴尔的摩城街道开始使用汽灯照明。1842 年，巴黎出现电弧灯，并将其应用于道路照明。1932 年，荷兰人开始在街道上使用低压钠灯照明。1965 年，高压钠灯问世，并被用于道路照明。进入 20 世纪 90 年代后，路灯的光源逐步被高压钠灯和 LED 灯替代。

我国的第一盏路灯出现于 1843 年的上海，是用煤油点燃的。1882 年，上海十六浦码头亮起了第一盏电灯。最初的马路电灯在每根电线杆上装闸刀开关，需要人工每天开启和关闭。后来改为若干路灯并联，用一个开关，上海外滩安装了 10 盏电弧灯。到 20 世纪 60 年代，我国路灯基本完成了电灯的改造替换。随着科技的迅猛发展，进入 21 世纪以后，各种新式照明如雨后春笋般出现，白炽灯、高压钠灯、LED 灯……人们对路灯的要求越来越高，开始注重其美观度及节能环保特征。随着新一代信息技术的发展和智慧城市建设进程的加快，新产品、新业态、新模式、新经济不断涌现，具有"一杆多用"功能的智慧灯杆也作为新兴产物应需而生，成为当代典型的集成化智慧产品。

最早的智慧灯杆由一家德国公司研发，仅在普通路灯上面安装了充电桩。在2016年德国汉诺威CEBIT展上，华为发布了首个多级智能控制照明物联网解决方案，旨在以城市路灯照明作为切入口，进驻智慧照明领域。中兴在此次展会上也推出了业内领先的集合路灯、充电桩、基站、智慧城市信息采集为一体的"Blue Pillar"智慧灯杆综合解决方案。

智慧灯杆的起源可以追溯到2010年IBM所提出的智慧城市愿景。智慧城市的概念源于2008年IBM公司提出的智慧地球的理念，是数字城市与物联网相结合的产物，被认为是信息时代城市发展的方向。智慧城市的实质是运用现代信息技术推动城市运行系统的互联、高效和智能化，从而为城市居民创造更加美好的生活。要建设智慧城市，首先需要建设一系列联网的基础设施，而基于分布最广泛的城市基础设施——路灯杆的信息化、自动化的系统建设会是第一突破口。

近年来，社会层面整合基础资源推进智慧城市建设，"多杆合一"是大势所趋。路灯杆、监控杆、信号灯杆等杆体作为城市不可或缺的基础设施，一直以来"单杆单用、多杆林立"现象比较普遍，使得城市道路上各种杆线林立，不仅影响市容市貌，还导致重复建设、重复投资、信息孤岛，造成资源浪费，增加了从建设到运营的全周期成本。"多杆合一，共建共享"不但能合理利用城市空间，美化城市环境，提升市民的幸福感与归属感，而且各部门和单位间能实现城市资源的共享，包括综合管廊、电力电源、通信网络等，节省国家财政资金；还能体现政府管理部门对城市基础设施规划、建设、管理的水平，实现政府各职能部门之间精诚合作、协调共进。在此基础上，搭载了多种设备的智慧灯杆进一步结合ICT（Information and Communications Technology，信息与通信技术），通过对市政、气象、交通、环境等数据的采集，形成一张覆盖全面、泛在互联的智慧感知网络，实现城市群智能管理。

1.1.2　智慧灯杆的发展脉络和特点

从全球视角来看，智慧灯杆的发展是多因素驱动的、技术不断进步的、跨界融合的复杂过程。从主要驱动力上看，智慧灯杆的发展经历了3个阶段：远控照明驱动阶段、物联传感驱动阶段和信息通信融合驱动阶段。目前整体处于第二阶段向第三阶段过渡的时期。随着5G小微基站的需求和方案逐渐清晰，5G与灯杆的融合建设开始在各国得到政策支持。美国无线通信和国际网络协会（CTIA）发布的报告指出，城市路灯将会是5G时代的重要基础设施，鼓励电信运营商充分利用路灯、电杆等城市基础设施建设5G网络。日本政府计划将交通信号灯与5G基站结合，在信号杆上布放5G基站，计划在2020年启动实际验证，最早或于2023年在日本国内全部铺开建设。韩国科技信息通信部发文指出，韩国三大运营商的5G建设应充分利用路灯、电线杆、交通灯、广告牌等各种市政基础设施。杆塔资源与5G的融合发展，将推动智慧灯杆建设项目在全球各地落地生根。

从国内视角来看，智慧灯杆基于早期智慧路灯的理念，逐渐集成智能化设备，演进为新型的智慧城市信息基础设施。根据多功能智慧灯杆的技术演变路线，其发展历程可分为以下3个阶段。

智慧灯杆1.0阶段——智能控制平台。通过应用电力线载波、LoRa、ZigBee或NB-IoT等无线通信技术实现对路灯的远程集中控制与管理，主要聚焦路灯本身照明节能及控制功能的智能化运作。如具有根据车流量自动调节灯具亮度、远程照明控制、故障主动报警、灯具线缆防盗、远程抄表等功能，能够大幅节省电力资源，提升公共照明管理水平，节省维护成本。

智慧灯杆2.0阶段——智能联动平台。通过在杆体上集成各种智能化设备达到智慧城市入口的功能，推动城市基础设施尤其是杆塔类设施高效整合和集约建设，提升智能化运作效率；每根灯杆本身集成各类功能的同时兼顾数据的采集，通过数据分析、利用，反哺智慧城市的各种应用场景，形成满足智慧城市愿景的初步应用。智慧灯杆2.0可以看作基于设备的智能化联动平台，通过智慧灯杆的统一操作平台可以形成灯杆与灯杆之间的联动，以及基于灯杆各类应用需求的政府主导部门之间的联动。通过对智慧灯杆综合利用，达到对物件、物联网、城市硬件设施的管理及使用情况的管理功能。可以实现智慧灯杆平台应用的远程运营，如固定媒体终端的精准广告推送、微基站部署、各类市政需求监测等商业运营及政务服务运营等功能。

智慧灯杆3.0阶段——智能交互平台。智慧灯杆在2.0阶段集成功能的智能化基础上，可基于边缘计算平台或云平台实现各种应用场景的智能联动与交互功能，具备自运算、自处理等功能，在面对城市应急处理、安防应急处理、事件快速响应方面有较大的提升，并围绕大数据的汇聚、挖掘和应用，促进智能化基础设施建设和产业的深度融合，加速向数字化、网络化、智能化发展，为物联网、大数据、云计算、人工智能等高新技术的广泛应用和智慧城市建设提供重要支撑。目前国内智慧灯杆的主流企业基本处于 2.0 阶段，主要从事路灯灯杆各种智慧化功能的系统集成。

市场方面，智慧灯杆的发展历程可分为如下 3 个阶段。

1. 市场启蒙阶段（2010—2016 年）

2010 年 IBM 所提出的智慧城市愿景可视为智慧灯杆产业的启蒙，最早的智慧灯杆是在普通路灯上面安装充电桩，逐渐发展为实现面向多种任务的硬件方案及产品的一体化融合。智慧灯杆不仅是传统的路灯杆，还是 4G/5G 基站，也是电动汽车充电桩，同时可采集气象、环境、交通、安防等城市综合信息数据，大屏幕户外型 LED 屏还可提供便民信息发布及广告运营。站点单位成本更低，站点业务密度更高，有利于通信运营商获取站点资源的同时，更加节省土地资源、电力资源，让政府、运营商、市民、客户等多方受益，运营商的经营领域也有所扩展，由通信运营向城市服务综合运营转变。

2. 试点阶段（2016—2019 年）

华为、中兴等作为国内智慧灯杆的先导者，在提出明确的智慧灯杆方案后即在深圳、广州等城市进行试点。2016 年初，中兴在深圳工业园试点了首个 Blue Pillar 智慧路灯杆；同年 4 月，陕西省政府联合铁塔公司、中兴试点智慧灯杆；同年 12 月，由上海三思制造的 20 座"高大上"的复合型路灯杆在北京左安门西街亮相。一时间，上海、江苏、安徽、浙江、四川等地相继试点并取得成功，达到了一定的试点效应。国外智慧灯杆与国内的发展几乎同步。2015 年，美国通信巨头 AT&T 和通用电气携手为美国加利福尼亚州圣地亚哥市的 3200 个路灯安装摄像头、麦克风和传感器等，赋予其寻找停车位和侦测枪声等功能；洛杉矶市为路灯引入声学传感器和环境噪声监测传感器以侦测车辆碰撞事件，并直接通知应急部门；丹麦哥本哈根市政部门在 2016 年年底前将 2 万盏配备智能芯片的节能路灯安装在哥本哈根街头。由于其可以作为智慧城市入口的优势，智慧灯杆在短时间内就成为行业内的热点话题,从而吸引众多资源雄厚的公司纷纷进驻智慧灯杆领域。

3. 规模推广阶段(2019年至今)

2019年是中国5G商用元年,5G网络建设作为国家战略在省市各级政府得到快速推进,智慧灯杆产业作为绝佳的5G站址及5G应用平台载体,也迎来新的风口。尤其是中国铁塔作为5G网络基站建设的统筹方通过影响政府政策、组建产业联盟、推动制定相关技术规范标准、产业沟通合作、智慧灯杆采购、征集合作伙伴厂商等方面有力地推动了智慧灯杆。业界也借着行业媒体平台、行业协会、产业联盟、展会、论坛和研讨班、培训班等各类产业平台展开热烈的产业交流、讨论及合作,勠力同心为产业发声,促进各地政府陆续出台了智慧灯杆相关的政策,标志着智慧灯杆产业进入了规模化发展的赛道。

当前,智慧灯杆的建设已经成为行业热点,各大通信服务行业和社会资本积极参与智慧灯杆的试点建设,规划智慧灯杆的建设方案。智慧灯杆产业的"春天"即将到来,但这并不意味着可以大干快上、热火朝天地建设智慧灯杆了,目前产业仍处于艰难探索的开拓阶段,在产业共识、政府职能管理与支持引导、产业政策支持、建设模式、商业化成熟程度、行业和标准规范等方面还存在种种困难和问题,需要政府、行业组织和企事业单位共同发挥"智慧",多方合作,各方推动,才能真正迎来智慧灯杆建设的黄金时代。

🔍 1.2   重新定义：再识智慧灯杆   ＋

1.2.1   智慧灯杆的内涵

"智慧灯杆"已被业界公认为是传统城市基础设施与新型信息通信技术融合的典范，将有望成为建设智慧城市的重要载体和海量数据入口。对于"智慧灯杆"的概念和内涵，不同领域的人士，在不同发展阶段存在不同的理解，这造成了"智慧灯杆"目前在业界内有十余种不同称谓的乱象，对相关投资者、管理者、从业者造成了某种程度的困扰。照明领域人士起初侧重于"灯"，强调的是照明节能和智能化管理，称之为"智慧路灯"；移动通信领域人士更多侧重于满足挂载功能的"杆"，希望通过广泛分布、位置优越的杆能为移动通信基站的部署提供丰富的站址资源，称之为"智慧杆塔"；而政府管理者则强调"多功能"，强调通过"多杆合一"实现资源集约、美化景观，称之为"多功能综合杆"；智慧城市领域人士则更侧重"智慧"二字，强调通过信息通信技术赋能，发挥其提升城市数字化、智能化管理能力方面的作用，称之为"多功能智能杆""多功能智慧杆"等。

随着在智慧城市建设浪潮下"智慧灯杆"行业的纵深发展，"智慧灯杆"逐渐成为占据业界主流的称谓，本书也倾向于采用"智慧灯杆"这个名称，但"智慧灯杆"并不代表其仅局限于"灯"杆，而是作为各种道路杆件智能化升级后的总称。本书认为一个新生事物的定义，一方面要从其存在的社会价值来界定，另一方面也要考虑其产生的历史背景和未来发展态势。"智慧"体现"智慧灯杆"的核心价值是作为建设智慧城市的重要载体，"灯"既代表了其最早起源于路灯智能化控制，也考虑了"灯"杆是分布最广、数量最大的道路杆件，也是未来建设的绝对主体，而"杆"是其外在形象的表达和承载多种基础功能的载体，从这些视角去阐释可以更清晰地呈现"智慧灯杆"的内涵。

综合以上观点，本书给予"智慧灯杆"新的定义：以道路杆件为载体集成挂载多种设备，统筹整合杆体、通信、供电等基础设施资源，以综合软件管理平台为支撑，通过运用先进的信息通信技术，实现海量数据采集、传输、发布及远程智能化监测、控制和管理，从而为城市运行提供智慧照明、5G通信、城市监测、交通管理、信息交互和公共服务等多种高效功能服务的智慧城市基础设施。

智慧灯杆的内在特性主要体现为下述两大特征：

（1）具有新型基础设施属性。作为新型信息基础设施，智慧灯杆在智慧城市中扮演着"末梢神经元"的角色。智慧灯杆具备"有网、有电、有杆"三位一体的特点，优秀的点位、广泛的分布使其成为5G基站的良好载体，是众多"5G+"创新应用的基础。除此以外，搭载了多种设备的智慧灯杆，在ICT的赋能下，能够高效节能地对公安、市政、气象、环保、通信等多行业信息进行采集、传输及分析处理，形成通信、监控、感知等设备与市政设施融合的智能基础设施，构建全面覆盖、泛在互联的智能感知网络，进行快速信息处理和汇聚，推动智慧交通、智慧能源、智慧市政、智慧社区等应用落地，实现对城市各领域的精细化管理和城市资源的集约化利用。合理布局的城市智慧灯杆网络，可以为城市运行提供实时海量城市运行数据，形成构建智慧城市的基础。

（2）集成多元应用。智慧灯杆集成智慧照明、视频监控、交通管理、环境监测、无线通信、信息交互、应急求助等多种应用功能，可满足政府管理、企业发展、公众服务等多元场景应用需求。纵观国内外，智慧灯杆的内在特性尚无统一的、标准的、权威的描述，但是智慧灯杆可有效解决城市公共基础设施建设过程中存在的信息孤岛、重复建设等突出问题，满足智慧城市市政建设集约化、基础设施智能化、城市管理精细化、生活环境宜居化的建设目标要求，对于促进智慧城市建设方案的实施落地有着重要的现实意义。

1.2.2 智慧灯杆的功能

1. 推进多杆合一

随着社会经济发展和城市建设推进，路灯、视频监控、交通信号、道路指示牌、行人交通信号、运营商基站等"多杆林立"现象日益凸显，各类杆件技术、规划、建设和运维的标准不统一，不仅影响了市容市貌，还导致了重复建设、重复投资、系统数据难以共享等问题。智慧灯杆能够集成多样化功能于一身，可以有效解决"多杆林立"和"信息孤岛"等问题，是推进多杆合一、提升城市品质的重要解决方案。

2. 加快5G网络部署

5G具有高速率、低时延、大连接的特点，是人工智能、大数据中心等其他新基建领域的信息连接基础，也是驱动新一轮科技革命和产业革命，支撑"网络强国"建设的重要信息基础设施。由于5G网络本身高频谱的覆盖特性，5G基站的覆盖半径比4G基站更小，需要通过增加站址数量、提高站址密度才能保证较好的网络覆盖和用户体验，预计其站址数量将是4G的2~3倍。智慧灯杆广泛分布于城市各个区域的道路、园区，且布局均匀、密度适当，有效地渗透了人口密集处区域，具有覆盖广、成本低的特点，是5G网络建设推广的最佳载体。

3. 建设智慧城市，构建"智慧物联"

智慧城市作为新一轮信息技术变革与城市可持续发展相结合的产物，随着云计算、物联网、大数据、人工智能等技术的快速发展，在全球范围内掀起热潮，成为转变城市发展方式、提升城市发展质量的客观要求。建设智慧城市的前提是建立覆盖范围广、功能齐全的信息感知网，实现对交通、市政、环境监测等各类城市运行数据的采集，通过城市相关功能平台的互联互通实现数据的共享。以智慧灯杆平台为基础，可以促进智慧安防、人脸识别、5G基站、无人驾驶的推广使用，最终为智慧城市提供大数据共享服务，促成万物互联。

4. 促进数字经济新模式、新业态发展

智慧灯杆作为可扩展的新技术融合体和功能集合体，再加之其优良的空间布局，正在不断衍生出新业态和新模式。一方面，智慧灯杆可以作为摄像、传感等设备的载体，进行大量的视频图像和各类监测数据的采集，支撑人工智能、大数据、云计算等ICT的

融合应用，促进如基于图像识别或雷达传感的自动驾驶辅助等新业态的产生。另一方面，智慧灯杆还可以与数字孪生、城市大脑等技术相结合，推动城市公共基础设施建设运营模式的改变，提高城市公共部门的管理效率。

由此可见，智慧灯杆对推动高新技术产业发展，提高城市居民生活幸福感，都具有长远的现实意义。

◯ 1.3 发展现状剖析：崛起在新基建时代的 ＋ 智慧灯杆

1.3.1 行业发展环境

2017 年，国务院发布的《新一代人工智能发展规划》指出："要推动智能化信息基础设施建设，提升传统基础设施的智能化水平，形成适应智能经济、智能社会和国防建设需要的基础设施体系。"在这种大战略要求下，具有"一杆多用"功能的智慧灯杆应势而生。随着"智慧城市"的建设进入快车道，我国多个省市纷纷出台关于信息基础设施或 5G 建设三年规划、智慧城市建设规划等政策。"一杆多用""智慧灯杆"作为智慧城市新基建的组成部分，更是获得了重要的决策部署。

1. 国家部委及各省支持智慧灯杆建设的相关政策

2019 年 4 月，工业和信息化部、国务院国有资产监督管理委员会发布《关于 2019 年推进电信基础设施共建共享的实施意见》，要求积极推进通信塔与路灯、监控、交通指示等杆塔资源双向共享，推动"多塔合一""多杆合一"，鼓励基础电信企业、铁塔公司按照"规划先行、需求引领、市场化合作"的原则，集约利用现有基站站址和路灯杆、监控杆等公用设施，提前储备 5G 站址资源。

2019 年 2 月 18 日国务院公布的《粤港澳大湾区发展规划纲要》提出要加强基础设施建设，建设全面覆盖、泛在互联的智能感知网络，推动智慧交通、智慧能源、智慧市政、智慧社区等应用落地，实现城市群智能管理。智慧灯杆也成为粤港澳大湾区"新型智能化基础设施"的典型代表。

2020 年 1 月 3 日，住建部出台《住建部关于开展人行道净化和自行车专用道建设工作的意见》，推行"多杆合一""多箱合一""多井合一"，集约设置人行道上各类杆体、箱体、地下管线等。

从2019年1月开始，各省市纷纷出台支持促进智慧发展的相关产业政策，主要是5G发展的建设计划。据统计，2019年至2020年1季度，全国多个省份及下属地市，发布了至少上百个涉及智慧灯杆的政策。

综合部委和各地政策，主要涉及：

（1）集约利用现有基站站址和路灯杆、监控杆等公用设施，提前储备5G站址资源。

（2）统筹规划建设智慧灯杆及配套资源和"一杆多用"改造。

（3）要充分利用市政设施，有效整合站址资源，推进智慧灯杆建设和一杆多用。

（4）加快开展智慧灯杆推广应用。

（5）组织推进具备条件的5G基站转供电改直供电工程。

（6）建立基站用电报装绿色通道。

（7）新建、改扩建道路优先采取多杆合一、功能集成的智慧灯杆建设方式。

上海作为国内"多杆合一"的领军者，早在2018年3月就编制了《上海市道路合杆整治技术导则》，并在同年4月印发《关于开展本市架空线入地和合杆整治工作的实施意见》，同年10月发布《上海市推进新一代信息基础设施建设助力提升城市能级和核心竞争力三年行动计划（2018—2020年）》。

广东是智慧灯杆建设的带头省份，2018年5月广东省政府就印发了《广东省信息基础设施建设三年行动计划（2018—2020年）》，推进"一杆多用"试点，随后各下属地市也马不停蹄地出台相应落地政策。其中深圳市政府在2018年6月15日率先发布《深圳市多功能智能杆建设发展行动计划（2018—2020年）》，提出到2020年基本实现多功能智能杆在全市主要干道的全覆盖，建成多功能智能杆管理平台，随后7月12日出台了《深圳市新型智慧城市建设总体方案》。

2019—2020年各省市智慧灯杆相关政策按时间顺序简列如表1-1所示。

表 1-1 各省市智慧灯杆相关政策发布时序

发布时间	发布方	政策名称
2019 年 1 月	重庆	《重庆市关于推进 5G 通信网建设发展的实施意见》
2019 年 1 月	河南	《河南省 5G 产业发展行动方案》
2019 年 1 月	福建	《新时代"数字福建·宽带工程"行动计划》
2019 年 1 月	北京	《北京市 5G 产业发展行动方案（2019—2022 年）》
2019 年 2 月	江西	《江西省 5G 发展规划（2019—2023 年）》
2019 年 2 月	山东	《数字山东发展规划（2018—2022 年）》
2019 年 4 月	江苏	《2019 年江苏省信息基础设施建设工作要点》
2019 年 4 月	浙江	《浙江省关于加快推进 5G 产业发展的实施意见》
2019 年 5 月	江苏	《江苏省关于加快推进第五代移动通信网络建设发展若干政策措施》
2019 年 5 月	广东	《广东省加快 5G 产业发展行动计划（2019—2022 年）》
2019 年 5 月	广东	《广东省 5G 基站和智慧杆建设计划（2019—2022 年）》
2019 年 6 月	湖南	《湖南省 5G 应用创新发展三年行动计划（2019—2021 年）》
2019 年 6 月	天津	《天津市路灯"1001 工程"组织实施方案》
2019 年 6 月	上海	《关于加快推进上海市 5G 网络建设和应用的实施意见》
2019 年 7 月	甘肃	《甘肃省关于进一步支持 5G 通信网建设发展的意见》
2019 年 7 月	山东	《山东省支持数字经济发展的意见》
2019 年 7 月	贵州	《贵州省推进 5G 通信网络建设实施方案》
2019 年 7 月	湖北	《湖北省 5G 产业发展行动计划（2019—2021 年）》
2019 年 8 月	四川	《四川省关于加快推进数字经济发展的指导意见》
2019 年 8 月	河北	《河北省关于加快 5G 发展的意见》
2019 年 8 月	江西	《江西省关于加快推进 5G 发展的若干措施》
2019 年 8 月	海南	《海南省关于加强城市智慧灯杆建设工作的通知》
2019 年 8 月	广西	《广西加快 5G 产业发展行动计划（2019—2021 年）》
2019 年 8 月	辽宁	《辽宁省 5G 产业发展方案（2019—2020 年）》
2019 年 9 月	深圳	《深圳市关于率先实现 5G 基础设施全覆盖及促进 5G 产业高质量发展的若干措施》
2019 年 9 月	贵州	《贵州省关于加快推进全省 5G 建设发展的通知》
2019 年 9 月	山西	《山西省人民政府关于印发山西省加快 5G 产业发展的实施意见和若干措施的通知》

（续表）

发布时间	发布方	政策名称
2019 年 9 月	福建	《福建省加快 5G 产业发展实施意见》
2019 年 11 月	山东	《山东省关于加快 5G 产业发展的实施意见》
2019 年 11 月	黑龙江	《黑龙江省加快推进 5G 通信基础设施建设实施方案》
2019 年 11 月	云南	《"数字云南"信息通信基础设施建设三年行动计划（2019—2021 年）》
2020 年 1 月	天津	《关于加快推进 5G 发展的实施意见》
2020 年 1 月	宁夏	《关于促进 5G 网络建设发展的实施意见》
2020 年 2 月	湖南	《湖南省加快第五代移动通信产业发展的若干政策》
2020 年 3 月	福建	《福建省关于进一步支持 5G 网络建设和产业发展若干措施的通知》

全国各地智慧灯杆相关信息基础设施及 5G 政策的密集发布，预示着智慧灯杆建设的时代必要性，极大地鼓舞了智慧灯杆建设行业的热情，激发产业链各方更加积极主动去参与、探索和推动产业市场中来。

2. 智慧灯杆相关标准规范

一个新兴产业的规范化高速发展，离不开技术标准和规范的引导和"保驾护航"，国家和各地方政府也陆续组织照明、通信、智慧城市相关的企事业单位专家编写出台了智慧灯杆相关的技术和建设方面的规范标准，如表 1-2 所示。

表 1-2　智慧灯杆相关标准规范

时间	发布方	名字	类型	主要技术内容
2015 年 10 月	杭州市城市管理委员会	《杭州市城市道路杆件及标识整合设计导则》（试行）	团标	对路灯杆与交通设施杆件、路名牌与导向牌杆件作了整合要求，并且对交通标志、智能交通、路灯照明皆提出了设计要求
2017 年 5 月	青岛市城市管理局、青岛市公安局、青岛市城乡建设委员会、青岛市规划局	《青岛市城市道路杆件及箱体整合技术导则》（试行）	团标	在新改扩建道路设施方面进行了标准设置，包括路灯杆与交通设施杆件、路名牌与导向标识杆件的整合要求、交通标志设置要求、智能交通设计要求、安装要求、风貌保护区设施设置标准等

（续表）

时间	发布方	名字	类型	主要技术内容
2018 年 3 月	上海市住房和城乡建设管理委员会	《上海市道路合杆整治技术导则》（试行）	团标	在布设、综合杆、综合机箱、附属设施设计、城市家具布设等方面，这一导则均做出了相应的要求
2018 年 7 月	深圳市交通运输委员会	《深圳市道路设施杆件整合设计导则》（试行）	团标	对道路设施杆件的设置要求、整合方式、整合位置等宏观要素进行了规定
2018 年 10 月	深圳市经济贸易和信息化委员会	《深圳市多功能杆智能系统技术与工程建设》	团标	针对多功能智能杆系统的结构功能、性能指标、施工验收、运行管理与维护等方面制定了详细规定
2018 年 10 月	住房和城乡建设部	《道路照明灯杆技术条件》	团标	规定了道路照明灯杆的产品分类和型号、试验方法、检验规则及标志、包装、运输、存储等，明确多功能灯杆除了要满足基本的标准要求外，还需符合的相关技术要求。
2018 年 11 月	广州市住房和城乡建设委员会	《广州市智慧灯杆及道路合杆整治技术导则》	团标	给出合杆的具体要求外，还针对智慧灯杆的"布设、杆件设计、附属设施设计和施工运维"等方面给出了细致的说明
2019 年 4 月	中国照明电器协会	《多功能路灯技术规范》	团标	列明了灯杆、照明控制功能模块、环境信息传感功能模块、公共通信接入功能模块、公共信息发布功能模块、安防监控功能模块、新能源功能模块、多功能路灯管理服务平台的要求内容和现场应用试验及方法
2019 年 6 月	广州市标准化促进会	《广州市智慧灯杆（多功能杆）系统技术及工程建设规范》	团标	提出了智慧灯杆（多功能杆）的系统组成、杆体功能及设计、挂载设备功能及设计、附属配套实施功能及设计、管理平台功能及设计、施工及验收和管理及维护等的具体要求
2019 年 9 月	深圳市市场监督管理局	《多功能智能杆系统设计与工程建设规范》	地标	规定了高度为 15m 及以下的多功能智能杆的系统设计、系统工程、系统运行管理与维护的总体要求

（续表）

时间	发布方	名字	类型	主要技术内容
2019 年 8 月	广东省住房和城乡建设厅	《智慧灯杆技术规范》	省标	对智慧灯杆系统设计、施工、检测与验收、运行和维护等做出规定
2019 年 11 月	湖南省住房和城乡建设厅	《湖南省多功能灯杆应用技术标准（征求意见稿）》	地标	规定湖南省内城镇道路新建、改建多功能灯杆的设计、施工、验收要求，广场、商业步行街、景区、园区、住宅小区等区域多功能灯杆的建设参照执行
2019 年 12 月	江苏省住房和城乡建设厅	《城市照明智慧灯杆建设指南》		规定了城市照明智慧灯杆的总体规划与设计、杆件及灯具、挂载设备、平台、网关及通信、布设与供电、施工与验收、运行与维护等要求
2019 年 12 月	陕西省建设标准设计站	《智慧灯杆技术与工程建设规范（征求意见稿）》		对智慧灯杆的规划、设计、施工、检测和验收做出规定

1.3.2　全球发展现状

目前，全球正在刮起一股智慧城市建设的旋风，国外的智慧灯杆项目或许能带给我们一些建设上的思考。

1. 新加坡

2014 年，新加坡在超额完成"智慧城市 2015"的基础上，提出了"智慧国家 2025"发展规划，成为首个发布智慧国家蓝图的国家。在此背景下，新加坡陆路交通部（LTA）提出对公共照明进行"智能化 +LED"升级改造，计划将全国 11 万套现有的高压钠灯改造成只能控制系统的 LED 智能路灯，并安装近 60 万个各类智慧城市传感设备。新加坡科技部将把该系统作为共享通信网关，收集和传送其他公共机构的低带宽传感器数据，以进一步提高公共部门的效率。新加坡陆路交通部也将与科技部合作展开概念验证，收集和传送环境监测数据。

2. 美国

2014年7月，美国芝加哥市宣布开展AoT计划，在城市灯杆塔上部署传感器，以收集城市路面信息，检测空气质量、光照强度、噪声水平等环境数据，形成智慧城市的感知网络。每台传感器设备初次采购和安装调试成本为215~425美元，运行后的年平均用电成本约为15美元。该项目得到了思科、英特尔、高通、斑马技术、摩托罗拉及施耐德等公司的技术和资金支持。

洛杉矶市拥有大规模的智能互联路灯网络，全市有超过20万套路灯，在城市道路、高速公路、隧道和人行道为市民提供服务，让城市运行更加透明。除照明与网络外，新引入的声学传感器和环境噪声监测传感器可侦测车辆碰撞事件，直接向市应急通信系统提供及时信息，帮助警察、消防和急救部门缩短响应时间，及早救助患者。

2015年开始，美国通信巨头AT&T和通用电气（GE）携手，为美国加利福尼亚州圣地亚哥市的路灯安装摄像头、麦克风和传感器等。这些灯杆通过改造升级，可以搭载智能安防、微基站、信息发布、新能源电动汽车充电桩等系统，成为智慧城市建设的"标杆"，除可以对道路交通、停车场等进行监控，方便运营人员优化交通信号配时外，还可以监测空气质量和突发天气，同时还能定位枪声，以最快的速度获取位置，及时报警。

3. 荷兰

荷兰的第三大城市海牙市政府与能源公司Eneco合作，在席凡宁根（Scheveningen）海滩建设了上千套智慧灯杆设备，这些灯柱上有摄像头、传感器和数据传输网络，能够调节灯光的亮度，检测空气和噪声，控制交通，并帮助游客寻找空余的停车位。

4. 日本

2019年8月，日本东京都发布《Tokyo Data Highway基本战略》，明确开放路灯、电线杆等城市公共资源，以支持5G基站建设。2020年5月，日本住友商事、NEC宣布与东京都政府合作，推出两种5G路灯型智慧灯杆。该智慧灯杆将5G AAU、LED路灯、公共WiFi、摄像头、扬声器、广告牌、USB充电等多功能融为一体，支持多家运营商共享。

目前，这种类型的5G智慧灯杆已经开始安装。

5. 韩国

2020年9月14日，首尔市政府计划推出"智能杆"（Smart Pole）路灯。该路灯通过应用包括S-DoT（智能首尔数据）在内的各种信息和通信技术，提供交通信号指示、照明、闭路电视和安全灯等功能，并且可以收集10种不同类型的信息数据，包括粉尘、噪声、光、温度、湿度和紫外线等。该计划将开发10种基本智能杆模型，每个模型具有不同的功能，具体根据安装位置的需求。目前，首尔大约有240 000根杆式路边设施，计划每年更换3500～3700根。

1.3.3 国内发展现状

习近平总书记在主持召开中央全面深化改革领导小组第三十五次会议时强调："要加强改革试点工作统筹，分析各个改革试点内在联系，合理把握改革试点工作节奏。对具有基础性、支撑性的重大制度改革试点，要争取早日形成制度成果。"2018年6月8日，国家标准化管理委员会发布《智慧城市顶层设计指南》等4项智慧城市国家标准，进一步完善了智慧城市的建设和评价标准。智慧灯杆建设是智慧城市建设的重要组成部分，在国家、省、市各级政策的支持下，在新型智慧城市建设及5G加速部署的带动下，各地市和各领域相关企业积极开展智慧灯杆的试点建设，为智慧灯杆大规模建设和商用奠定了基础。目前，全国智慧灯杆建设仍处在实践与探索并重的初始阶段。

1. 广东

2019年5月17日，广东省工业和信息化厅发布了《广东省5G基站和智慧灯杆建设计划（2019—2022年）》。其中《广东省智慧灯杆建设计划表（2019—2022年）》是国内首份省级出台的智慧灯杆建设计划表，广东省在2019—2022年将会新建智慧灯杆20 088根，进行存量改造207 741根。

广东省工业和信息化厅将以推动5G商用为契机，会同住建厅、通管局等部门制定

《广东省加快5G发展实施方案（2019—2022年）》，提请省级政府建立统筹推进工作机制，部署2022年前全省5G基站与智慧灯杆建设任务，明确智慧灯杆建设运营模式，在规划衔接、开放公共设施、用电用地等方面出台扶持政策，加快全省智慧灯杆塔建设，力争在2019年底前完成智慧灯杆项目试点，并形成规模应用。

目前，广东省已率先在广州、深圳、韶关、惠州等地开展了试点建设工作。如广州市按照"一区一园一街"的原则，选取了市政府大院、天河南二路、广钢新城、花城广场等8个智慧灯杆试点，积极探索智慧灯杆的建设运营模式、相关功能的整合方式及相关产业的带动模式，并结合5G基站规划对智慧灯塔的布点方式展开了研究。

此外，广东还率先成立了全国首个由政府官方指导且呈产业化布局、规模化推广的智慧灯杆联盟，包括规划设计、行业组织、铁塔厂家、通信技术、智慧照明、安防技术、应用平台等在内的58家智慧灯杆产业链企事业单位已成为联盟理事单位。

1）广州

2019年6月1日，广东省广州市工业和信息化发展联席会议办公室印发《2019年广州市5G网络建设工作方案》的通知。这份文件中附上了3个表，其中，在《广州2019年度智慧灯杆建设计划表》中，广州信投、广州城投、广州铁塔、广州供电局将新建（改造）智慧灯杆共计4157根。此外，该工作方案还明确提出："加快推广智慧灯"要从道路新建和城市更新改造两个方面着手推广，并首次提出要开展市区高灯杆开放用于宏基站建设的论证与研究，探索在高灯杆上挂载宏基站的可能性。

在广州从化生态设计小镇有一条由广州铁塔打造的"智慧之路"，所铺设的智慧灯杆集通信基站、节能照明、LED显示屏、视频监控、气象监测等功能为一体，并预留了智能电子导游、人流量检测、智能停车指引、车牌识别等功能接口，建设智能信息基础设施与生态融合的新型现代化"智慧小镇"，使居民生活更加便利、幸福；在广州广钢新城项目中，建筑面积约1000万平方米，规划居住19万人，将由铁塔公司统筹建设600余根智慧灯杆，并以其为载体实现智慧照明、智能安防、智慧市政等诸多应用，满足政府、社区、居民的信息化需求，打造"智慧社区"；在韶关莲花大道建设中，由韶关铁塔建设141根智慧路灯杆，集成照明、摄像头、基站、环境监控、公交智能定位、交通视频执法、汽车充电桩等设备，通过信息共享和协同运作，统一实现智能交通、环境监控等智能管理及信息交互，建设"智慧道路"。

2）深圳

2018年6月15日，深圳市政府发布《深圳市多功能智能杆建设发展行动计划（2018—2020年）》。该计划提出如下发展目标：到2020年，基本实现多功能智能杆在全市主要干道的全覆盖，建成多功能智能杆管理平台，促进城市感知网络体系进一步完善，市政管理、公共安全、交通出行、环境保护等领域的城市治理水平大幅提升，城市管理效率和公共服务水平全国一流。

《深圳市多功能智能杆三年建设规划方案》于2018年10月出台，该方案明确规定了深圳市多功能智能杆三年建设规划的目标，即2018—2020年，预计杆体建设规模为42 081根。其中改造原有杆体11 806根，新增杆体30 275根。

在政策、技术等利好形势下，深圳已经在智慧灯杆产业协同、技术融合、模式研究等方面进行了一系列的实践和探索。目前，深圳南山、福田、坪山、龙岗等多区域、多路段已开始试点智慧灯杆项目，包括前海前湾一路改造、南山区桂庙路改造、红荔路的道路修缮方案都将智慧灯杆纳入规划范围内。其中，侨香路和华强北路试点建设较为典型。

侨香路改造是深圳市首条智慧道路试点工程，借助物联网、大数据、人工智能等新一代信息技术，构建以数据为核心的城市交通信息采集与发布的智慧载体，实现道路服务品质化、管理科学化和运行高效化。

华强北步行商业街共建设100根多功能智能杆，由福田区政府和华强北街道办主导建设；到2020年底，深圳市将基本实现多功能智能杆在全市主要干道的全覆盖，完成多功能智能杆管理平台建设，为智慧城市发展建设提供有力的数据支撑。

3）中山

广东省中山市横栏镇人民政府、广东华建企业集团有限公司、中国移动通信集团广东有限公司中山分公司及广东智慧灯杆制造业基地投资开发有限公司在广东中山共同签署了"中国5G智慧灯杆示范和制造基地等项目"战略协议。据悉，横栏镇将打造"中国

5G智慧灯杆制造基地"，并建设中山市首个智慧灯杆试点示范区域，将以5G、云计算、大数据为技术支撑，积极推动集"照明+监控+5G微基站"等于一体的智慧灯杆建设。

2. 上海

上海市从2014年开始由住建委牵头探索灯杆综合利用，通过"架空线入地、综合杆整治""美丽街区"等专项整治行动开展城市更新工程。2015年和2016年先后在大沽路、虹口区万荣路和徐汇区昭平路等路段进行项目试点，实现了智慧照明、绿色能源、智慧安防、无线城市、信息交互、集中控制等功能。

2017年上海成立"架空线入地和合杆整治指挥部"，市政府办公厅建立联席工作会议制度，联席会议下设推进办公室并实体化运作，统筹引导市区两级多部门推进工作，住建委是其中的统筹机构。项目资金由市财政和区财政等政府部门牵头，电力公司也需要承担部分资金。在实际建设过程中，指挥部指定总包单位进行道路施工，并负责设备采购智慧灯杆后续的运营费用。

2018年3月，上海市以进博会为契机正式发布《上海市城市道路杆件整合设计导则》，并印发《关于开展本市架空线入地和合杆整治工作的实施意见》，基本确立了杆体、灯具、管线、基建施工部分由上海市住建委（上海市城市综合管理事务中心）牵头建设、运维和管理，杆体上各类设备由各使用部门建设、运维和管理的模式。按照计划，从2018年开始上海开启了3年的架空线落地计划，预计完成500km架空线落地，截至2020年4月已经基本完成。

实践中，上海内环以内重点区域、重要道路、中国国际进口博览会场馆周边为重点，完成道路架空线入地，同步开展合杆整治工作，建设架空线入地工程，将路灯、指示牌信号灯等多种杆塔合并，拔除近万根立杆，平均减杆率达到68%。外滩地区已经实现全覆盖，人民大道黄陂北路路口、武胜路、威海路路口、黄浦路大明路路口、中山东一路等也是典型的案例。

3. 南京

早在2013年南京就提出"信息路灯，智慧路灯，价值路灯"三步走的发展路径，分步实施、层层推进。

第一阶段——信息路灯：立足于基于照明主业，建立以数据为主线的路灯信息化管理平台。

第二阶段——智慧路灯：以互联网思维进行大数据的分析，能够在体系上覆盖全产业链，实现设备全生命周期管理，能够有深入的感知和反馈。

第三阶段——价值路灯：基于路灯的优势和价值，以信息化、智能化为依托，实现自我"造血"，进行设施增值开发。从照明专业向智慧城市领域延伸，实现更广阔的社会价值。

2016年8月，南京市印发《南京市环境综合整治三年行动计划（2016—2018年）》，开展市政道路整治工作。对道路地面杆件进行合杆，同时在并杆过程中预留后期其他功能性模块、加载空间和接口。

在并杆整治工作中，南京经历了部分合并到全部合并再到优化升级3个发展阶段。2016—2018年共完成综合道路总长度约90km，新建杆件7082杆，其中综合杆件1904杆。

2019年8月，南京根据江苏省政府《关于加快推进第五代移动通信网络建设发展若干政策措施的通知》政策规划内容，向运营商、铁塔公司开放共享电力杆塔、变电站等电力基础设施，助力5G网络快速部署。

4. 杭州

2020年4月，杭州市草拟的《杭州市道路综合杆技术要求》基本成型。智慧灯杆"杭州模式"地方标准归纳整理了当前国内成熟的综合杆技术要求与最新已经见效的综合杆设计经验，结合杭州实际，提出了符合杭州现状的综合利用模式。其最大的特点就是利旧原则，即在承载能力允许的条件下，利用原有灯杆进行综合利用改造，实现应对当前大量出现的4G基站、5G基站、视频探头、环境监测装置及灯笼类节假日装饰挂件等应用场景，并对用电安全、接入规范、挂载结构优化提出了一系列技术要求。杭州利旧改造方案，不仅大大降低了改造成本，同时也能快速实现5G等设施的灯杆挂载。参照该标准，到2020年底前，杭州市12万根路灯杆都将改造成集多种功能于一身的智慧灯杆，不仅具有基础照明功能，还将实现5G基站、WiFi覆盖、环境监测、视频监控等功能。

1.3.4 市场发展现状

根据 *The evolution of the streetlighting market* 报告数据，截至2019年10月，全球路灯杆数量约3.2亿根，其中亚洲占25%，欧洲和北美占20%，南美占10%，全球LED路灯渗透率仍低于15%，各国间存在明显差异。报告提出，未来智慧灯杆市场的驱动因素主要来自监管政策、物联网融合和LED价格下降三个方面。据集邦咨询TrendForce数据，2019年，全球LED智慧路灯市场规模约为7.38亿美元，预计到2024年将达到10.94亿美元（包括灯头及单个照明控制系统）。Techhnavio发布的《2020—2024年全球智能杆市场》报告显示，2019年全球智能杆市场规模约为57.5亿美元，到2020年预计将达到137.2亿美元左右，年复合增长率达到19%。华为预计未来5年内在全球将新增超过1000万根智慧灯杆，国际智慧城市研究中心预测，到2021年以智慧路灯为入口的各种硬件及服务的市场规模为3.7万亿元，占智慧城市市场总规模的20%。

国内市场方面，根据公开项目招标的统计，由于2019年仍然处于示范建设时期，中国智慧灯杆市场规模约为30亿元。按照5G通信网络全面建成所需配套的室外小基站数量及单个智慧灯杆装配升级的费用预测，未来5G网络的全面搭建及商用将催生千亿元级智慧灯杆市场。根据ABI数据，2019年、2020年室外杆站的数量将超过300万站、400万站，2016—2020年的复合年均增长率达到48%，远超传统塔站和屋顶塔站的增速。受益城镇化及智慧城市等政策红利，未来预计年平均市场规模将超过100亿元。

智慧灯杆项目市场为区域性的市级市场。业主或采购方基本为各级地方政府或部门或投资建设平台，也有大型地产商、园区方、物业公司、建设总承包商、电信基础运营商或项目集成商等。除个别项目通过单一来源议标采购外，基本通过公开必选招标进行采购。据2018年至今公开招标的225个智慧灯杆相关项目统计，中国铁塔、政府发出的招标项目各占1/3或以上，其余1/3为三大电信运营商及电网公司，如表1-3所示。

表 1-3　智慧灯杆采购项目统计

采购方	铁塔	政府	电信	电网	移动	联通
项目数量（个）	85	74	41	17	4	4

　　数据表明，中国铁塔在智慧灯杆市场起到了带头拉动作用，2019年公布的19个智慧灯杆采购项目采购数量总计266根，平均价格为4.85万元。政府采购项目一半是合杆工程，显示出当前阶段的智慧灯杆市场一定程度上还是基于简单的城市景观治理需要，而不是因其在智慧城市整体顶层设计众的需求。但真正全面的智慧灯杆规模化市场，不仅是城市公共设施的共建共享，还是作为新型智慧城市不可或缺的基础设施，可以满足5G甚至未来6G移动无线网络超密集站址的需要，并作为5G和智慧城市的重要应用场景。此外，目前国内大部分项目的规模还比较小，通常覆盖一条道路或园区，大部分项目规模在100根杆塔以下。受限于管理协调困难、缺少成熟方案和标准、投资成本高、运营模式不清晰等因素，智慧灯杆项目的推广建设速度与预期有一定的差距。

　　智慧灯杆项目供应商包括提供方案咨询、设计规划、智慧灯杆多功能杆体、智慧照明、安防产品、挂件设备、管理运营系统平台及各种传感器等物联网设备的厂商。2019年参与智慧灯杆产业链的国内企业达300余家。声称有"智慧灯杆"业务的企业有400~500家，但可以提供智慧灯杆完整的设计、产品、施工服务解决方案的有一定规模的企业仍然是少数。目前能提供智慧灯杆领域产品和服务的主要是灯杆厂商、路灯企业、网关及控制系统企业、通信技术企业及相关的挂载设备厂商、集成商，智慧灯杆产业生态链涉及结构制造、照明、安防、通信、IT、软件、能源、电力等行业，未来可能吸引更多领域的企业跨界布局。

　　综上所述，目前智慧灯杆市场仍处于示范建设阶段，国内市场整体呈分散状态，集中度不高。但由于项目偏少，市场竞争依旧较为激烈，尤其是部分智慧灯杆的采购，由于不同应用场景对于外观机构设计及搭载设备要求的不同，其价格分布差异较大，从1万多元到10万元都有。然而，随着行业规范和标准的建立，最终行业内的集中度会越来越高，部分无核心竞争力的企业将会被淘汰，也会吸引更加有实力的企业进入。随着市场规模的扩大，生态链上各类相关企业将积极跨界，获取智慧灯杆发展的红利。

🔍 1.4 发展趋势预测：智慧灯杆走向何方 ＋

1.4.1 发展驱动力分析

1. 智慧灯杆是5G基站建设的天然搭配

5G网络建设，基础配套先行。5G意味着要新建众多分布密集的小基站。无论从高度、间距，还是从电源配套等角度考虑，城市灯杆将是5G小基站的天然搭配。未来，大量的路灯杆将挂载5G基站设备，摇身一变成为智慧城市的重要基础设施，集多功能于一体的智能灯杆将成为未来城市的一道"美丽"风景线。

2017年，美国无线通信和互联网协会（CTIA）发布报告，指出城市路灯、电杆等将是5G小基站时代的重要基础设施。报告认为，智慧城市将带动就业和经济增长，而分布密集的5G小基站是智慧城市的关键基础，市政和监管机构应精简审批流程、调整收费结构，鼓励电信运营商充分利用路灯、电杆等城市基础设施建设5G网络。2018年4月10日，韩国科技信息通信部宣布SK、KT和LG U+三家韩国运营商将共建共享5G网络，指出由于城市空间有限，5G建设应充分利用路灯、电线杆、交通灯、广告牌等各种市政基础设施，以加速5G部署、有效利用资源、减少重复投资。

中国铁塔作为我国5G基站网络的共享统筹建设角色，积极践行"共享、绿色、创新"等新发展理念，推动"通信塔"与"社会塔"双向转变，充分利用社会资源，快速经济满足行业后4G、5G时代小微站建设，整合路灯杆、监控杆等社会杆塔资源，形成多杆合一的"智慧灯杆"。除了能够实现5G信号的覆盖外，还可以集成多类型行业应用，探索发展"智慧道路""智慧小镇""智慧社区"等，助力"网络强国"落地及"新型智慧城市"建设。2018年9月，由武汉供电公司与中国铁塔共同研究打造的"小蛮腰"智慧路灯亮相，杆上接入或预留新能源汽车充电、5G等多种功能入口，首批试点安装了150多盏。此后，全国各地铁塔公司开始进行不同程度的智慧路灯试点项目。

基于5G基站的部署特点，智慧灯杆作为5G基站的部署方案具备以下天然优势：

(1) 覆盖密集。单个小基站在密集城区的典型覆盖范围不足200m，需要进行密集部署才可能全面覆盖盲点，而路灯分布均匀，间距不足百米，可以帮助小基站形成密集覆盖。

(2) 供电优势。小基站与路灯的结合可以共用充电装置，节约能源，解决了小基站单独部署的供电问题。

(3) 盲点覆盖。高速公路、铁路沿线往往信号覆盖不全面，采用智慧路灯的安装方式有利于实现盲点覆盖。

(4) 节省空间。小基站与路灯的结合节省了单独部署所需的空间，能很大程度降低基站部署的物业协调难度。

(5) 智能管理。通过智慧灯杆上的传感装置，可以方便地对小基站的运行状态、温度等情况进行监测，发现异常时可及时预警，同时也可以将各类监测数据传输至云端，以便于分析和利用。

从建设规模来看，当前业内普遍认为5G宏基站数量将是4G基站的1.5倍以上，而5G小基站数量为5G宏基站的2倍以上，因此，5G微基站数量理论需求高达约1.25亿个。根据《2018年中国5G产业与应用发展白皮书》预计，在毫米波频段，5G小基站间隔将缩小到10～20m，5G小基站数量预计将达到950万个。根据典型城市目前已建5G基站数据，基于智慧灯杆上的5G微基站建设数量约占微基站需求总数的84%，由此可见，智慧灯杆将成为5G微基站的重要载体，基于智慧灯杆的5G微基站建设需求巨大。

2. 智慧灯杆是智慧城市的神经末梢

智慧城市通过运用信息和通信技术手段感测、分析、整合城市运行核心系统的各项关键信息，从而对包括民生、环保、公共安全、城市服务、工商业活动在内的各种需求做出智能响应，让城市具有智能协同、资源共享、互联互通、全面感知的特点，实现城市智慧化管理和运行，进而为城市居民创造更美好的生活，促进城市的和谐、可持续发展。

灯杆作为城市中密度最大、数量最多、覆盖最广的市政设施之一，不仅可以作为智能感知和网络服务的节点、物联网的端口，也能让智慧城市＋数字经济变得更为具象化。

从城市到智慧城市，再到新型智慧城市，智慧灯杆不仅实现了照明智能化，还开始具备多功能的挂载能力，实现灯杆的复合化。除了具备传统灯杆"有网、有点、有杆"三位一体的特点外，智慧灯杆"有平台，有应用"，可以通过接口多方共享的各种挂载设备，成为集各种前沿技术和应用于一体的新型信息基础设施，对多行业的信息进行数据采集、传输、分析、挖掘和发布，进而通过智慧化管理和应用平台实现"互联互通，联动控制"，形成一张智慧感知网络，极大地提升了多元智慧化服务效能。智慧灯杆是智慧城市建设末端数据采集和监测的重要部分，能够实现城市及市政服务能力的提升，促进智慧市政和智慧城市在城市管理业务方面的落地。

3. 智慧灯杆是城市智慧信息行业应用的绝佳载体

在智慧城市的规划建设中，智慧灯杆因位置及供电系统两大优势，成为物联网在城市中的重点应用场域。作为智慧城市建设的基础支撑，智慧灯杆是城市物联传感网络数据的采集端，也是户外便民措施开放的载体。智慧灯杆通过集成传感器，采集城市的运营信息，得到智慧城市发展所需的各种海量数据。数据上传到云端，在云端形成数据集合。这些数据与政府内部的交通系统、警务管理系统、财政管理系统和采购系统进行交互，为智慧城市的大数据应用提供多种数据支持。最后，智慧灯杆系统的信息感知与反馈平台，将实现智能感知、设施整合、智能互联及智能应用，具体如下。

（1）智慧路灯+5G基站。我国5G网络已正式开通商用，智慧灯杆除了可以满足5G基站密集组网的站址需求，也可以辅助5G初期高带宽的eMBB业务落地，如4K高清视频监控、无人机巡检、VR直播和娱乐点播等5G新业务。智慧灯杆也提供5G各项应用所需边缘计算的重要节点，如物联网应用、AR、辅助敏感计算、视频优化、视频流分析、企业分流及未来5G重要应用场景——车联网。

（2）智慧路灯+环境防灾安全监控。智慧路灯集成、雷电灾害预警、地质建筑物监测、分布式积水等传感器，能够收集空气质量数据、历史温湿度、风速风向信息，以及检测噪声、路面层降等。监控数据汇总监控中心进行灾害预警，同时在人流量较大的区域布置多媒体固定终端，可将如商业广告、公益广告，还可作为其他信息发布平台的载体，如紧急信息发布，交通信息发布，实现现场监控与现场发布、预警。

（3）智慧路灯+市政设置管理。智慧路灯系统提供一个通用的物联感知、执行的交互平台。通过RFID综合感知，可全面准确确定设备设施的定位信息，资产安全卡可主动发出呼救信息，用于窨井盖的防盗等。它能对周边市政资产进行检测，更好地对资产进行维护，从而令资产发挥更大的效能。

（4）智慧路灯+智慧交通。智慧路灯通过微波车辆检测器来采集交通信息，通过WiFi网络传输和智能红绿灯来进行交通诱导。还可采用视频分析技术，实时显示各停车场停车位的空闲、占用状态，与地图定位结合，联动LED信息屏，引导司机到达车位位置。此外，针对新能源汽车的普及，利用智慧灯杆位置与自供电的优势，可以作为充电桩最为便捷的载体，如实现充电桩状态与LED显示屏同步显示。充电桩是国家七大新基建项目之一，智慧灯杆在这方面有更广阔的市场应用。

4. 发展智慧灯杆有助于建设美丽城市

每当夜幕降临，路灯的点点星火汇聚，城市才有了万千星河入梦里的景象。深夜安静的街道上，暖黄的路灯温暖着每个夜归人回家的路。智慧灯杆作为多功能杆，积极探索道路照明灯杆的综合利用，不仅有利于减少城市杆体的重复建设，避免城市道路两侧，特别是路口杆体林立的乱象，有效地节约城市地面和空间资源，还可以推动市政建设集约化、基础设施智能化、公共服务便捷化和城市管理精细化的发展，提升城市综合管理水平，使得城市路面更美观。

从煤油灯、煤气路灯到电灯，再到如今的"智慧路灯"，路灯不再是一个一次性的工程项目，也不仅仅具备照明的单一功能。智慧路灯凭借收集数据的重要特性，将成为一座城市的数据入口，其运营所产生的数据价值将日益凸显出来，进而打开更为广阔的市场。

1.4.2 发展趋势分析

1. 市场发展前景

智慧灯杆是多种设备设施和技术的综合体，未来将实现"一杆多用，多杆合一"，在此趋势下，智慧灯杆的发展前景一片光明。这里以智慧照明、5G基站和车联网改造需求为例，分别进行智慧灯杆的市场前景分析。

（1）智慧照明。2014—2019年，我国城市道路照明灯杆数量逐年增加，2019年我国城市道路照明灯杆保有量约为2935万根，若2020—2025年保持5%的增速，预计到2025年我国城市道路照明灯杆数量将达到3923.4万根。以城市主干道12m高路灯为例，则物联网市电路灯一年节能费用高达1058元（电能节约698元/年，维修费用360元/年），而一盏物联网市电智慧灯杆路灯造成本约为3800元，即物联网市电路灯的改造成为可在3年多的时间内以节省能源成本和维修费用的方式返还。若2020年智慧灯杆的渗透率达30%，则2020年我国智慧路灯市场规模将达到350亿元。

（2）5G基站。5G牌照发放于2019年6月，2020—2023年将是5G网络的主要投资期，综合5G频谱及相应覆盖增强方案，预测未来10年国内5G宏站数量为4G基站的1～1.2倍，总计500万～600万个。由于宏站站址建设难度较大且市场较为饱和，同时5G频率更高理论上覆盖盲点更多，无法完全满足eMBB场景的需求，所以，需要大量微站对局部热点高容量地区进行补盲。据中信证券预测，微站需求数量可达千万级别。智慧灯杆覆盖范围广、布局合理，将成为其最优载体。

（3）车联网。截至2018年末，我国公路总里程约为484.65万千米，其中高速公路14.26万千米，城市道路43.22万千米。预计2020—2030年，"智慧的路"建设主要以投放智慧灯杆及车路协同相关终端/设备为主。保守估计到2030年我国高速公路总里程为15万千米，城市道路44万千米，则2020—2030年"智慧的路"落地成本总计约2950亿元，对智慧灯杆的挂载需求达到约118万根。

2. 行业发展趋势

传统的灯杆行业竞争者众多，市场相对分散，集中度不高。由于传统灯杆对技术要求不高，产品同质化严重，且其单价低，相较而言运费较高，因此，传统路灯杆通常由当地厂商供货，外地厂商的竞争优势较小。而智慧灯杆功能集成涉及多个不同领域、不同行业，技术要求也更高，需要多方合作，且其单价远高于传统灯杆，运输成本占比相对较低，本地厂商的竞争优势随之减小，市场集中度将逐步提升。

当前各大路灯企业、灯杆企业、控制系统类企业及通信类企业纷纷踏足智慧灯杆领域，产业生态链上各类相关企业积极跨界分羹，越来越多的企业厂商进入智慧灯杆市场。然而，随着行业规范、标准的建立和完善，部分无核心竞争力的企业将逐渐被淘汰，智慧灯杆市场的主要份额终将掌握在少数几家大型的龙头企业手中。

此外，随着智慧灯杆功能增加，产品集成多种设备，需要采集多种数据，并要求灯杆具有将数据对接到各类平台的能力，技术门槛显著提升，对灯杆企业提出了更高的要求，其议价能力也将随之提升。

3. 行业运营模式发展趋势

目前智慧灯杆的建设运营模式主要有8种，根据投资主导单位的不同可分为政府投资、企业投资、政府和企业共同投资3类，如表1-4所示。

表1-4　智慧灯杆建设运营模式及优劣分析

序号	模式类型	优势	劣势
模式1	政府独立投资、建设和运营	政府掌控力较强，可快速落实政府战略	政府财政压力较大，需承担投资风险，同时缺乏专门人力负责网络的运营维护
模式2	政府投资、建设，委托企业代理运营	政府掌控能力强，运营维护专业程度提高	政府财政压力较大，建设、运营由不同主体承担，不利于风险分散和转移
模式3	政府投资，委托企业或第三方建设运营	政府掌控能力强，可以充分利用企业的经验和实力解决建设、运营和维护问题	政府财政压力较大，需承担投资风险
模式4	政府和企业共同投资、建设和运营	减少政府财政压力，可以充分利用企业的经验和实力解决运营、管理和维护等问题	面临产权难以界定问题
模式5	政府和企业共同投资，企业建设运营	减少政府财政压力，可以充分利用企业的经验和实力解决运营、管理和维护等问题	后续的升级、运维等容易导致权责不明确问题
模式6	TBT（TOT+BOT）	减少政府财政压力，可以充分利用企业的经验和实力解决运营、管理和维护等问题	所有权和经营权的分离，两权悖论的缺乏，导致政府到期回收运维管理压力较大

（续表）

序号	模式类型	优势	劣势
模式 7	企业独立投资、建设、运营	产权明晰，减少政府财政压力	企业资金压力较大、风险高，不具生命力和可持续性
模式 8	多家企业联合投资、建设、运营	利于产业链协同合作，解决问题能力较强	多方合作，协调工作量大

智慧灯杆涉及多个行业领域，产业链上参与者众多，需要各个参与实体（国有企业、政府部门、民营企业等）相互配合协调，合作发展，谋取共赢。这就需要政府作为中介，成立具体的监管推动部门，完善智慧路灯相关的行业政策与检查制度，统一协调各智慧路灯项目的相关改造需求，并负责选择合适的运营管理机构，为智慧灯杆的共建共享提供专业服务。

目前照明市场普遍采用公私合营（PPP）和合同能源管理（EMC）模式进行融资。EMC模式中企业和政府的角色相对独立，企业作为投资主体，既是项目运营管理的主要受益者，也是风险的承担者。而PPP模式下，政府与社会资本建立了"利益共享、风险共担、全程合作"的共同体关系，有助于解决项目收益风险问题，但其组织形式较为复杂，且未来可能存在产权界定问题。未来政府有望采用PPP与EMC相结合的模式，采用EMC运行机制，无须设立项目公司，利用PPP模式解决融资和风险收益问题。

1.4.3 面临的挑战

智慧灯杆可以大幅度降低城市建设成本、提升城市运维效率，为智慧城市建设带来了多重效益，从技术层面来看，实施方案和技术基本成熟，但目前仍处在试点阶段，在我国并未全面推广。在实施过程中，由于点位密集，杆体数量庞大，且需要联合多个部门共同完成建设，所以，推进智慧灯杆建设仍存在诸多挑战。

"智慧灯杆"作为一种创新应用产品，充分利用城市现有的各类杆体，如路灯杆、监控杆、电力杆等社会资源，经过信息化、智能化升级改造，将智慧照明、视频监控、交通管理、环境监测、应急求助、无线网络、公共广播、广告发布、充电桩等多种功能集于一体，并成为承载5G基站的重要载体。目前，智慧灯杆建设已受到全国各地的高度关注，北京、天津、上海、深圳、武汉、杭州、广州等多地的建设及试点工作已经相继开展。在智慧灯杆建设过程中，智慧灯杆产业运营模式不清晰、行业标准未完全确定、商业模式等问题也显现出来。本书整理智慧灯杆产业发展中的问题，结合相应的建议，探析智慧灯杆产业发展的那些事。

1. 对智慧灯杆产业认识不足

智慧灯杆是一种模式创新，而非产品技术创新。当前市场上以路灯杆作为载体集成多种功能的"智慧灯杆"，在硬件上其实只是"多功能杆"，这种简单的物理集成本身没有技术创新，只是将各种技术整合在路灯灯杆上的一种模式创新，只有搭载业务的发展和智能运营平台，才可能成为真正意义上的智慧灯杆。

企业在研发所谓的"智慧灯杆"时有些闭门造车，没有去了解用户的真正需求，或是人为地将其复杂化，缺乏因地制宜。业界对智慧灯杆也有多达近十个不同的称谓，缺乏统一认识，这导致市场一定程度上的混乱，加大了推广的难度。此外，各级政府对智慧灯杆杆建设的理解和对公共资源整合重要性的认识也存在程度不一的不足，缺乏顶层设计和规划。

2. 产业配套政策未明确落实

智慧灯杆虽然处于行业风口，但相关法律法规保障仍然未落实或不够完善。各地方政策多以部门规章为主，法律地位较低，法律效力不强，条文内容不够具体，可操作性差，在实际应用中参照性不高。例如，缺少基础设施建设方面共建共享的法律法规和规章制度、智慧灯杆建设运营方面的管理政策、基站和广告屏等应用商务方面的鼓励和补贴政策等。

3. 管理机制尚未健全，发展策略尚待完善

智慧灯杆试点建设，在管理机制尚未健全的大背景下，难以厘清各方资源的协同问题，导致智慧灯杆建设规模严重压缩，管理机制不清晰，发展策略不健全，已成为制约智慧灯杆产业发展的重要因素。

政府管理部门在城市基础设施规划与建设时缺少共建共享的意识。各业务部门在规划、设计、建设业务系统时各自为政、互不协商、权责不清。智慧灯杆的实现涉及电力、通信、公安、交警、交委、城管、市政等 10 余个政府相关部门及企事业单位，规划建设、产权归属、管理维护等主体单位分散，目标、作业方式、市场和利益诉求不同，例如，传统城市招募管理单位认为新增产品加大养护维修难度和增加责任风险，对照明之外的新产品、新方式存在排斥。受管理模式、主管部门的权限制约，政府各职能部门横向之间难以联动，和企业、行业之间缺乏信息资源沟通渠道，造成信息孤岛及重复建设。如果没有具体的政府部门主管规范与整合信息基础建设，将很难落实智慧灯杆的规划与建设。智慧灯杆涉及多重功能集成，维护难度远高于单一功能杆（如路灯），涉及杆内线路维护时容易造成权责不清的问题。

智慧灯杆建设需要经过决策、规划、建设与运维等阶段。如果没有具体的政府部门主管，那么将无法做到城市基础设施统一规划、统一审批、统一建设、统一管理、权责分明。没有考核制度、监管办法、信息沟通渠道，智慧灯杆共建共享模式将难以落实。

另外，灯杆资产权属、运营权分散，难协同，一方面各个智慧灯杆试点资产权属、经营管理权分散在不同主体间，难以统筹和协同利用。另一方面由于缺少一个统一的企业化承载主体，政府投资形成的基础设施资源资产长期沉淀，造成资源空置浪费，资产不能有效市场化运作，价值杠杆效用难以发挥，存量资源和建设资金不能形成良性循环，一定程度上影响了智慧城市建设的发展步伐。

4. 产业标准未确立，厂家各自为营

标准的确立是智慧灯杆领域的一大难点和挑战。当前，国家、各省市陆续出台了智慧灯杆相关标准规范，进入智慧灯杆产业的厂家也不断增加，对智慧灯杆的研发、生产、设计进行了不同程度的探索，但大家对智慧灯杆的理解各不相同，进而出现三大难题：各业务组件互联互通难、数据共享难、功能演进存在约束。

由于产业相关质量标准尚未明确或统一，产品质量参差不齐。同时各智慧灯杆厂家缺乏自主知识产权，技术实力普遍不足，在平台应用方面兼容性和通用性较差，客户在选择智慧灯杆时难以进行衡量。

5. 资金投入规模巨大，难以全面建设推广

智慧灯杆属于城市基础设施建设，需要充足的、稳定的政府财政资金。如果没有具体的政府部门主管，则难以规划各职能部门用于智慧灯杆的财政资金预算。如果政府投资不足，由于智慧灯杆建设周期长、预期收益低、投资回收期长、项目风险度高，自行融资更难以成功，这些问题都导致了企业对智慧灯杆的投入保持谨慎态度，也难以吸引社会资本的投入。多项城市公共设施的整合，每一套设备都有单独的线缆、网络需要铺设和设置，这需要联合多个部门进行资源共建。在这个过程中，首先对同类杆进行整合，然后整合不同类杆；其次是对路灯杆内线路的智能化或集成化改造同时进行，以避免路面重复开挖而导致整个改造过程的成本投入巨大。

目前，智慧灯杆项目的投资方多为铁塔、政府相关规划部门，无论对于哪一方都是一笔巨大的投资。一根智慧灯杆按照功能的迥异，价格可以从3万～5万元甚至20多万元不等。以深圳市城管局统计为例，全市约24万个路灯杆的"多杆合一"改造初步测算的费用为500亿元左右。

6. 运营模式不清晰，缺乏可持续盈利的商业模式

智慧灯杆尚未形成成熟的盈利模式，智慧灯杆项目商业化程度仍不高，存在不同层面的问题。当前积极推广智慧灯杆的主体是灯杆生产企业，其主要目的是销售产品，通信企业是为了推广产品和未来布局，而其他社会资本在盈利模式不明的情况下大都持观望态度。因此，目前智慧灯杆的建设大都是以政府投资为主，由于成本过高及政府职能分割等因素的影响，其态度是"敢于示范应用、谨慎规模推广"。

一些城市出台智慧城市的规划指引，新建项目中的智慧设施建设与传统市政建设有望实现同步和融合。智慧灯杆作为智慧城市的一个节点，难以独立于智慧城市的应用场景而存在，而在智慧城市进入风口期的这几年里，并没迎来想象中的海量应用市场，新建智慧灯杆项目的商业化还在艰难探索，短时间内恐难以形成商业可能。

部分企业也非常关注存量路灯改造的需求和商业价值的挖掘，期望存量改造市场有更短期和更可靠的商业化运作，但受制于智慧设施运行的硬件环境的搭建，存量道路的

改造大多限于一街一路，难以形成规模效应。如果大规模地对"建成区"设施推倒重建，则需耗费过多的人力、物力、财力。

在市场需求方面也是不明确，对功能模块需求不一。首先，共性需求，路灯需要满足最基本的节能照明需求；其次，智慧灯杆所承载的角色不仅仅局限于照明，行业需求对其提出了更多的要求，如城市环境监测、视频监控、无线网络、信息发布、紧急呼叫、充电桩、微基站等，一个项目中可能只需要几根全功能的智慧灯杆，其余的灯杆只是集成了照明加部分功能模块，导致盈利前景更加暗淡。

目前智慧灯杆尚处于探索阶段，企业考虑的往往是可以从哪些渠道收费。路灯有一个最基本的公益属性，如果连基本的城市道路功能——照明都不能保证，会让其陷入本末倒置的境地。像充电桩、WiFi 及其他一些功能使用的收费，与建设投资、后期运维成本相比，能否建立起长期可持续盈利的商业模式才是智慧灯杆能否尽快得以推广的关键。智慧灯杆相比传统路灯杆的投资大许多倍，完全靠政府出资不现实，也无法形成规模化市场。另外，智慧灯杆的背后是各需求方的业务融合，而这种业务融合涉及利益切分。一个好的产业要想持续发展，必须解决利益切分问题。

$\bigcirc$ 1.5　小结　　　　　　　　　　　　　　＋

5G时代需要智慧灯杆作为载体和实现应用场景，智慧灯杆也需要5G。集多功能于一体的智能灯杆是未来智慧城市不可或缺的关键基础设施，它就像工业时代的烟囱、电力时代的电力塔、信息时代的通信塔一样，必将成为未来智能化时代的标签之一。

智慧灯杆的"多杆合一"也将大大减少城市的资源投入，但在实际建设过程中将面临各方面的挑战。万事开头难，这个过程也是推进智慧城市建设的必然经历，只有当基础设施系统建设步入正轨后，才能进入真正的信息化与智能化。

PART 2

第 二 篇

系统解构篇

第 **2** 章

智慧灯杆系统架构与功能

智慧灯杆作为智慧城市的重要载体和数据入口，智慧灯杆系统架构的设计要以智慧城市建设需求为依据，以解决城市问题为出发点，为智慧城市构建全域信息感知网络提供支撑。本章将尝试擘画智慧灯杆系统发展愿景，从技术实现的角度，以结构化的形式来解构智慧灯杆系统，然后从服务对象的视角一一介绍智慧灯杆的各种系统功能。

🔍 2.1 系统架构 ✛

智慧灯杆系统总体架构可分为基础设施层、感知层、网络层、平台层、应用层，如图 2-1 所示。

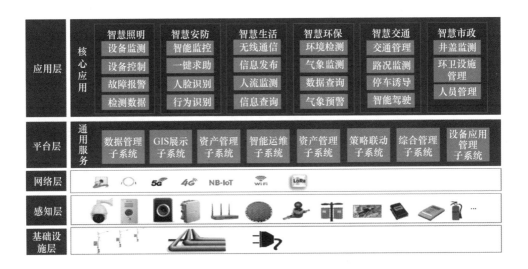

图 2-1 智慧灯杆系统总体架构示意图

1. 基础设施层

基础设施层为智慧灯杆系统正常运行提供必需的杆体、综合机箱、综合机房、供电系统、传输接入光缆及配套管道等基础设施。

2. 感知层

感知层具有环境感知和数据采集功能，一般通过智慧灯杆挂载的各类感知设备及传感网络对城市中现场物理实体及其所处环境的信号感知识别、数据采集处理和自动智能控制，实现对城市空天地动态信息的全面获取与控制。

3. 网络层

网络层是智慧灯杆系统为各实体间的信息交付提供通信服务的信息通道，网联化是智慧灯杆区别于传统基础设施的显著特点。智慧灯杆网络包括有线网络和无线网络，根据服务对象可以分为公网和专网。

4. 平台层

平台层的主要功能是实现数据共享与融合，为各类业务和应用提供通用数据和能力支撑，具有承上启下的作用。管理平台是智慧灯杆运营管理平台的核心，由各类业务应用支撑平台和数据中心构成，实现信息的有效、科学处理，利用网络切片技术与软件定义网络（Software Defined Network，SDN）功能，实现智慧灯杆平台层对各挂载设备的需求、业务、功能汇聚和分配、远程集中管理、控制、运行监测、数据分析、查询、定位等功能，形成基于业务平台的专用虚拟网。平台层主要从以下三方面提供支撑服务。

（1）平台层提供基于云存储的数据中心服务，将从网络层、各类数据接口汇集的各类传感设备、监控设备、移动通信设备、信息交互设备、物联网感知设备等相关数据进行汇聚、存储、映射、分析与管理。

（2）平台层还可以为需求方提供各类工程支撑服务，包括挂载信息资源交换服务、基于智慧灯杆的大数据智能决策支撑服务，为智慧应用提供技术支撑。

（3）平台提供数据等级保护服务，保障各组织、个人能合法获取数据的同时，最大限度上保护个人和企业隐私、政府组织战略机密等。

5. 应用层

应用层建立在平台层、网络层、感知层、基础设施层之上，为政府、企业及社会公众用户提供各种服务和应用，包括基于特定行业的应用及综合型应用。其中常见的行业应用有智慧照明、智慧安防、智慧环保、智慧交通、智慧市政等特定行业领域的应用，综合型应用通常涉及较多跨行业、跨部门协作的集成业务应用，如智慧园区、智慧社区、智慧景区、智慧商圈等。

○ 2.2 系统功能 ＋

　　智慧城市是以为民服务全程全时、城市治理高效有序、数据开放共融共享、经济发展绿色开源、网络空间安全清朗为主要目标，通过体系规划、信息主导、改革创新，推进新一代信息技术与城市现代化深度融合、迭代演进，实现国家与城市协调发展的新生态。其本质是全心全意为人民服务的具体措施与体现。

　　城市治理和管理不仅是国家治理体系的重要组成部分，也是全球互联网治理体系的重要载体和构建网络空间命运共同体的重要基础。过去的几年，我国近300个城市开展了智慧城市的建设试点，有效改善了公共服务质量，提升了管理能力，促进了城市经济发展。

　　随着国家治理体系和治理能力现代化的不断推进，以及"创新、协调、绿色、开放、共享"发展理念的不断深入，随着网络强国战略、国家大数据战略、"互联网＋"行动计划的实施和"数字中国"建设的不断发展，城市被赋予了新的内涵和新的要求，这不仅推动了传统意义上的智慧城市向更高层次的新型智慧城市演进，更为新型智慧城市建设带来了前所未有的发展机遇。

　　基于此，应以"一个体系架构、一张天地一体的栅格网、一个通用功能平台、一个数据集合、一个城市运行中心、一套标准""六个一"推进"新型智慧城市"建设，从而实现治理更现代、运行更智慧、发展更安全、人民更幸福。

　　智慧灯杆是新型智慧城市发展的重要基础设施，将全面支撑推进5G、物联网、车联网等智慧城市新型基础设施规模部署，促进传统基础设施与新兴信息通信技术深度融合，是实现美丽中国、智慧城市的重要载体。智慧灯杆系统在智慧城市中的应用全景如图2-2所示。

　　从服务对象的视角来看，智慧灯杆系统的功能可以分为配套设施服务功能和应用服务功能两大类。

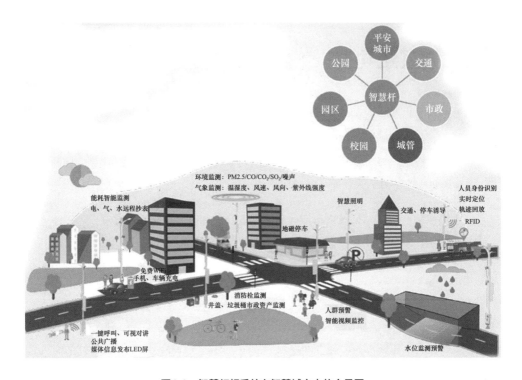

图2-2　智慧灯杆系统在智慧城市中的全景图

2.2.1　配套设施服务功能

智慧灯杆分布广泛、均匀且具备"有电、有网、有杆"三位一体的优势，可以为安防、通信、交通、环境监测等领域的基础设施提供电力、网络及安装载体等配套设施功能服务，可以为挂载设备提供"拎包入住"服务，提升基础设施的共建共治共享水平，可以说智慧灯杆是城市基础设施的基础设施。

1. 供电功能

智慧灯杆一般以220V/380V市电作为供电电源，可以与挂载设备共用交流电源，也可以通过在杆上设置直流转换器，为挂载设备提供48V、24V、12V等多种电压等级的直流电源。智慧灯杆还可以利用自身的综合机箱配置蓄电池，在发生断电时可以为挂载设备提供备用电源。

2. 网络接入功能

智慧灯杆引入网络既是实现智能化升级的基础条件，也是作为配套基础设施的一大优势，可以为多种传统设备设施提供高效、稳定的信息通信服务。

3. 物理支撑功能

智慧灯杆点位分布广、高度适中且配有一体化机箱，可以为有不同安装高度要求的挂载设施提供安装载体和空间，达到节省空间资源、规整城市环境、美化景观风貌的效果。

4. 动环监控功能

智慧灯杆自身配置的动环监控系统还可以对挂载设备的电源设备情况和环境变量提供集中实时监控，并提供故障异常情况的告警功能。

5. 防雷接地功能

智慧灯杆系统防雷和接地应符合《建筑物防雷设计规范》（GB 50057）、《城市道路照明设计标准》（CJJ 45）等相关规范的要求，接地电阻不应大于4Ω，同时可以为挂载设备提供直击雷防护和接地保护功能。

2.2.2 应用服务功能

1. 照明功能

路灯照明是智慧灯杆的标配功能，也是城市公共基础设施的重要组成部分。随着城镇化建设的推进，城市道路照明路灯的数量越来越多，供电和能耗都面临越来越严峻的挑战，传统的LED节能已经不能满足大范围节电的需求，通过智能化升级来实现照明节能是未来的必然趋势。随着物联网技术和LED技术的蓬勃发展，物联网＋LED相互结合、相辅相成的市政照明智能化改造进入快车道发展阶段。

智慧照明是通过建设统一的路灯综合管理平台，运用NB-IoT、PLC（电力线载波）、ZigBee等信息通信技术将每一个照明灯具通过信息传感设备与互联网连接，管理平台根据前端采集反馈的光照、路况等信息，执行智能化控制策略，实现远程开关、调光、监测等功能，实现对照明系统按需照明和精细化管理。

图2-3所示为照明子系统结构图。

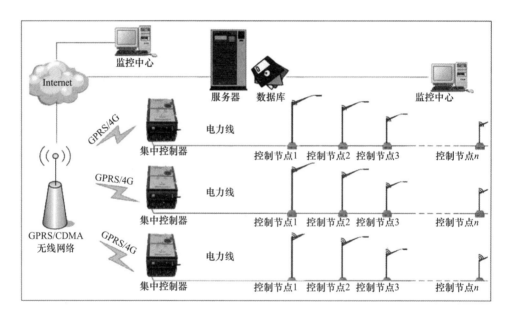

图2-3　照明子系统结构图

智慧照明的主要功能如下。

（1）路灯设备位置信息管理及GIS地图展示。

（2）路灯远程控制：单灯控制、多灯控制、分组控制、回路控制。

（3）定时计划任务控制、光感＆经纬度智慧控制，采用远程控制和本地任务执行相结合的方式。

（4）实时监测路灯数据，监测每盏灯具的亮度、电压、电流、功率等参数。获取用电量，提供能耗统计与分析。

（5）路灯设备离线告警、阈值告警、防盗预警等功能，告警信息通过短信或邮件通知有关负责人及时处理。

（6）通过和环境监测子系统、交通子系统等对接，可以实现光感智控、路况联动等。路灯光感设备感知当前环境亮度，在保证照明的前提下通过控制策略自动实现路灯的开灯、关灯、调光、伴随照明等功能，实现按需照明、节能降耗。典型的控制策略包括自动调节照明亮度或隔一亮一、单侧亮灯等多种亮灯组合的路灯控制策略。

2. 通信功能

随着5G移动通信和工业物联网建设加速，移动互联网和物联网业务应用正在成为我国移动通信业务发展的主要驱动力。5G移动通信将满足人们在居住、工作、休闲和出行等多领域的多样化业务需求，为用户提供4K/8K超高清视频、虚拟现实、增强现实、虚拟云服务、游戏、多媒体业务等极致业务体验。同时，5G还将渗透到物联网及其他领域，与工业设施、医疗仪器、交通工具、互联网行业等深度融合，有效满足工业、医疗、交通、娱乐、服务等垂直行业的多样化业务需求，实现真正的"万物互联"。与4G网络相比，5G网络需要的基站数量将成倍增长，因此，需要寻求更多的站址资源才能满足网络覆盖需求，而具有分布广泛、均匀的天然优势的智慧灯杆正好是5G基站的最佳搭配，可以通过智慧灯杆集成5G基站接口，为5G提供海量站址资源。此外，智慧灯杆覆盖区域广、距离被连接设备近，适合作为物联网系统的承载体，可以通过光纤传输网络、4G/5G、NB-IoT、WiFi、ZigBee、LoRa等通信技术，将无处不在的智能终端连接并进行统一管理，实时接收、整合和传递来自城市多领域的信息与数据，提升城市的智能化水平和管理效率。

3. 监控功能

在城市建设发展过程中，监控系统是实现城市安全和城市稳定的重要基础，是"智慧城市"建设的重要组成部分,更成为"智慧城市"系统的重要承载体。随着高清视频技术日趋成熟,"高清化"甚至"超清化"已经成为智慧城市建设的必然趋势。城市道路视频监控系统已经由"看得见"的视频安保系统,全面转向"看清楚"的高清智慧城市联网系统,并遵循"建为用,用为战"的原则,开始了"看明白"的智慧化的系统建设。

如何建设"看清楚,看明白"的智慧城市监控系统,如何建设各类道路信息与资源的共享系统,如何建设市政公安业务的监控系统,是当前形势下市政、交通、公安部门信息化建设过程中面临的难题。

依托智慧灯杆,构建智慧城市高清治安监控系统、高清卡口监控系统、高清电子警察系统、高清人员卡口系统、移动警务系统及社会视频资源整合系统,科学优化监控布局,达到"点、线、面"全覆盖,利用智慧灯杆建立远距离全局把握、区域就近感知和近距离深入观测的立体防控体系。

4. 交通功能

道路监控系统在治安防控和交通管理中发挥着重要的作用,可以为道路交通状况监控、交通肇事逃逸追捕、刑事治安案件的侦破等提供有价值的线索,从而大大提高交通管理水平和办案效率。传统的视频监控系统大多以满足实时监看和事后录像查证为主,大量的监控探头在带来大量的可用视频资源的同时,也带来了严峻的信息检索难题。若想在海量的视频数据中去查找某一特定目标对象的话,如果以传统人工查证的方式,犹如大海捞针,费时费力。

现代交通管理对道路监控中的机动车、非机动车、行人进行目标分类和目标特征识别,可以实现视频的结构化处理,满足公安、交通管理部门对海量视频中特定对象的高效查证需求,实现对机动车辆的主动管控,提高视频资源的利用率。图2-4所示为道路智慧监控系统监控场景示意图。

智慧灯杆具有点位多、间距小的优势,更有利于对道路和车辆信息的采集和管理。通过挂载高位摄像头可以满足交通部门管理超速、违停等各类违章、违法行为的识别。此外,也可以结合车牌识别,完成道路智能停车场景的构建;通过交通流检测器可以实时采集、传递交通状态信息，如车流量、车道平均速度、车道拥堵情况等；通过智慧灯杆可以提高道路的智慧化水平，如对道路积水、障碍等故障信息的监测，实现更好的车路协同。面向未来长期的智慧交通业务，需要连续的高速5G网络覆盖，沿道路部署车联网路侧单元（Road Side Unit，RSU）、边缘计算单元，路侧基础设施需要有足够的空间位置、市电、传输光纤资源，为后续远程辅助驾驶、无人驾驶的道路场景做准备，提升道路交通的智能化水平，提高通行效率。

图2-4 道路智慧监控系统监控场景示意图

5. RSU功能

RSU子系统为车联网提供路侧单元，在车用无线通信技术（Vehicle to Everything，V2X）中，路侧单元可与车载设备实现车路信息的双向传输，RSU再通过有线网络或移动网络将车辆行驶信息传输至系统平台。

RSU收集交通灯、信号灯的配时信息，并将信号灯当前所处状态及当前状态剩余时间等信息广播给周围车辆。车辆收到该信息后，结合当前车速、位置等信息，计算出建议行驶速度，并向车主进行提示，以提高车辆不停车通过交叉口的可能性。该场景需要RSU具备收集交通信号灯信息，并向车辆广播V2V（车与车）或V2I（车与路）消息的能力，周边车辆具备收发V2X消息的能力。

车辆网与智慧灯杆的摄像头视频识别、5G毫米波应用场景相结合，通过智慧灯杆的RSU子系统，实现V2X是获得其他车辆、行人运动状态（车速、刹车、变道）的另一种信息交互手段。同时，V2X也有助于为自动驾驶的产业化发展构建一个共享分时租赁、车路人云协同的综合服务体系。

6. 公共广播功能

公共广播系统是一个大型体系、综合性非常强的城市管理系统，不仅需要满足市政管理、交通管理、应急指挥、信息发布等需求，还要兼顾灾难事故预警、安全监控等方面的需求。公共广播子系统提供公共广播功能，可在控制中心对智慧灯杆覆盖区域进行公共广播，包含如下两种应用。

（1）紧急求助。当市民遇到突发事件时，通过网络终端上的一个快捷键及时发出紧急求助信号，同时启动求助双向对讲，与安防中心取得联系。

（2）监控广播。监控中心通过摄像头监控到监控点发生的突发事件，监控中心可通过IP网络广播对监控点发出警告、提示等语言，防止恶性事件发生。

7. 信息发布功能

信息发布子系统主要是将图片、幻灯片、动画、音频、视频及滚动字幕等各类媒体文件组合成多媒体系统，通过网络传输到数字媒体控制器，然后由数字媒体控制器按照控制规则在智慧灯杆上集成的LED/LCD屏、广播音柱上进行有序的播放和控制。可用于发布政策宣传、交通信息、应急信息、气象信息、空气质量信息和噪声实时信息。可以看出，LED信息发布屏之于智慧灯杆是一个具有很大优势及必要性的配套。

作为城市中分布密集且均匀的信息基础设施，智慧灯杆被认为是户外信息发布和交互较优质的载体。同时在智慧城市、"新基建"发展的推动下，LED信息发布屏作为智慧灯杆的重要配套也因此强化了许多应用需求。

图2-5所示为智慧灯杆挂载LED信息发布屏示意图。

图2-5　智慧灯杆挂载LED信息发布屏示意图

LED信息发布屏作为智慧灯杆系统中公共信息发布系统的展示窗口，在运营上也拥有许多优势和必要性。众所周知，大部分智慧灯杆都具备温度、湿度、人流、PM2.5等环境监测功能，而这个功能的初衷就是为了方便人们生活、出行而设立的，所以，监测到的数据必须在灯杆上有所体现，那么LED信息发布屏就是一个合适的对外展示的窗口。

LED信息发布屏搭载智慧灯杆拥有诸多可行性和必要性，尤其是在智慧化、信息化、数字化进一步影响时代发展的今天，LED信息发布屏作为一个信息载体、数字媒体承载了许多智能、便民的功能，也为智慧灯杆的普及、建设、应用带来更多可能性。

图2-6所示为智慧灯杆挂载LED信息发布屏效果图。

图2-6   智慧灯杆挂载LED信息发布屏效果图

8. 信息交互功能

信息交互是指信息的发出和信息的接收过程。信息交互过程通常由6个部分组成：信息源、信息、信息传递的通道或网络、接收者、反馈、噪声。信息交互是指自然与社会各方面文字、资料、数据、技术知识的传递与交流活动，从信息论的角度来看，其汇集了一定地域内的各种信息资料，是一种有形的文字信息载体。

智慧灯杆让城市生活中的各种设施组建成庞大的物联网，成为智慧城市建设的关键点。作为城市的基础脉络，在城市中起着至关重要的作用。

智慧灯杆是最密集的城市基础设施之一，便于信息的采集和发布。智慧灯杆未来是物联网重要的信息采集来源，城市智慧灯杆是智慧城市的一个重要组成部分，能够实现城市及市政服务能力提升，也是智慧城市的一个重要入口，可促进智慧市政和智慧城市在城市照明业务方面的落地。智慧灯杆通过集成传感器，采集城市的信息，在未来将产生智慧城市所需的各种大数据，并上传到云端。这些数据可与政府内部的交通系统、警务管理系统、财政管理系统和采购系统进行交互，为智慧城市的大数据应用提供多种数据支持。

图2-7所示为智慧灯杆强大的功能集成系统。

图 2-7 智慧灯杆强大的功能集成系统

9. 充电桩功能

世界能源需求的不断攀升和自然资源的日益枯竭，对能源供应商、工业企业及消费者都提出了新的挑战，尽可能以高效和可持续的方式使用能源成为当务之急。电动汽车产业在新能源背景下蓄势勃发，已经成为流行较广、节能环保的绿色出行交通工具，电动车数量在最近几年不断增长。

由于土地资源有限、停车位紧缺、投资成本高等现实问题，使得城市公共充电桩的大规模普及遇到瓶颈，如果在具有现成电源和停车位的路灯上搭载充电桩，则不用新的公共资源建设充电桩，减去了铺设管线的工程，大大降低了建设综合成本。因此，路灯充电桩有望成为解决充电难题的重要突破口。目前，兼具充电桩、视频监控、WiFi网络、环境监测等功能，综合物联网、移动互联网、大数据等信息技术的智慧灯杆杆已在多个地方试点使用。

路灯充电桩与智慧灯杆是两个不同的概念，或者说是两个阶段的城市公共设施。前者主要解决电动汽车充电问题，后者则是物联网的切入口，但未来二者的发展必然会出现整合。

随着电动汽车的普及率越来越高，汽车补电成为当下迫切的需求，需加快推进充电基础设施建设，让电动汽车出行更放心。依托路灯杆将充电桩与智慧灯杆杆体整合，形成覆盖城市的充电网络，可满足电动汽车用户的出行需求。

图2-8所示为智慧灯杆搭载充电桩对电动汽车充电示意图。

图2-8　智慧灯杆搭载充电桩对电动汽车充电示意图

10. 环境监测功能

环境监测就是通过对影响环境质量因素的代表值的测定，来确定环境质量（或污染程度）及其变化趋势，能够准确、及时、全面地反映环境质量现状及其发展趋势，为环境管理、污染控制、环境规划等提供科学依据。微气象是变幻莫测的，不能靠人为手段分析它的变化情况，所以，必须利用新技术去实时监测气象情况。

通过智慧灯杆内置/外置的温度、湿度、烟雾、能见度、空气污染、噪声等传感器，能够快速建立覆盖全城市的环境监测点位。沿道路周边的桥梁、隧道、山体等处加装各类传感器，也能为城市的整体灾害预警提供低成本、高覆盖的解决方案。对这些数据进行汇总和分析，能为城市管理者提供详尽的决策参考和快速响应依据。

实时监测城市的环境和气象情况，包括风向、风速、雨量、气温、相对湿度、气压、太阳辐射等气象要素，并对 PM2.5、CO、CO_2、NO、SO_2 等环境指标进行全天候现场监测。将监测数据接入省气象局业务网，为低能见度浓雾的预警、临近预报和信息发布提供快捷通道。

Q 2.3　小结　　　　　　　　　　　　　　　　　＋

针对智慧城市快速发展的趋势，通过对现有城市基础设施的重新定位与改造，集合智能传感器、5G 移动通信、云计算、物联网、新能源等先进技术，可方便快速地建设覆盖广、容纳终端数量多、成本低、智能化程度高的智慧灯杆，可以实现对城市信息的主动式管理、广域开环运行、可信可靠，并便于推广且低成本运营。在此城市智慧灯杆基础上实现智慧照明、智能交通、环境监测、城市安全、无线城市等多个智慧应用。

更为重要的是，基于智慧灯杆作为智慧城市建设的一个全新视角，最大的借鉴意义体现在通过物联网的角度来重新认知原有的城市资源，并借助其特点来实现可持续发展的智慧城市应用。例如，基于城市路灯的大数量规律分布，可以快速部署各种信息采集终端，借助多种通信技术及路灯现成的供电网络，可低成本实现覆盖整个城市的物联网络。

城市路灯的原有专业维护服务可以保障灯杆的稳定与可靠运行，在此基础上可快速实现多种跨行业整合应用与服务。可见，充分认知并发挥原有城市资源的特点与优势，对于促进智慧城市的建设与发展具有极大的价值与意义。

随着物联网、移动互联网、云计算等技术的发展，对于城市道路管理的重要组成部分——道路路灯的管理，从简单的照明功能也进行了延伸。路灯已经不仅仅用于照明，而是未来智慧城市道路综合管理的末梢，承载了移动通信、节能、安防、便民等多种用途。

作为未来智慧城市神经网络的末梢，路灯网络天然具有落地快、覆盖全、电力和电信网络易于到位等优势，除了承载节能、便民、WiFi、监控定位等用途外，还可以开发多种基于智慧城市的智能应用。相信随着产业链的进一步成熟，相应的技术也将逐步迈向成熟。

第 3 章

智慧灯杆赋能技术

　　智慧灯杆不仅可以实现智慧照明、智慧交通、智慧市政等特定行业领域的应用，还可以支撑智慧园区、智慧社区等涉及较多跨行业、跨部门协作的综合型应用，这些应用之所以能快速推广，得益于感知、通信、云计算、大数据、物联网等新兴信息通信技术的不断兴起和蓬勃发展。正是这一系列技术与传统路灯的结合，使之摇身变成智慧城市不可或缺的重要载体，也正是这些新技术引领着智慧城市更快地向纵深发展。本章带着读者一起遨游新型 ICT 的海洋，让读者对这些为智慧灯杆赋能的技术有一个感性的认识。

🔍 3.1　感知技术　　　　　　　　　　　　　　　　　＋

3.1.1　传感器技术

　　在智慧灯杆系统中，传感器技术如同城市神经末梢系统的神经元，发挥着不可替代的作用，相比一般单一物理传感器，智慧灯杆搭载的设备应用涉及多个功能，例如，环境监测系统的风、光、电、热、气等多类数据采集敏元器件；对道路信息（人、车、窨井盖、分类垃圾桶等）进行全面、多参数感知。目前智慧城市面临多种复杂道路和突发情况，需要不同类型的数据节点协同计算，如此一来，智慧灯杆就有了很大的利用和发挥空间。

　　传感器是一种将被测量信号按一定规律转换成便于应用的某种物理量的设备。目前，传感器转换后和转换前的信号大多为电信号和其他物理量信号。因而从狭义上讲，传感器是把外界输入的非电信号转换成电信号的装置。

　　图3-1所示为传感器的构成原理。

　　传感器可以起到延伸感知系统测量的作用和便于数据直观读取的作用，通过将被测量物理量转换成电信号，调制传送给测试、处理系统并显示。

　　图3-2所示为人体系统感知和传感器系统的对应关系。

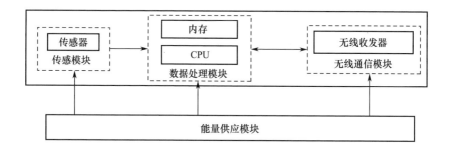

图3-1　传感器的构成原理

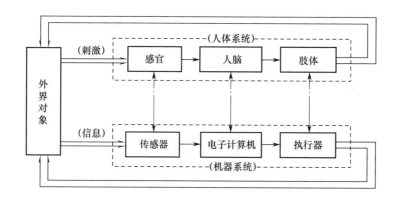

图3-2　人体系统感知和传感器系统的对应关系

3.1.2　无线传感网

无线传感网（Wireless Sensor Network，WSN）是一种分布式感知网络，末梢是可以感知和检查外部世界的传感器。其中的传感器通过无线方式通信，网络设置灵活，设备位置可以随时更改，以有线或无线方式连接形成一个多跳自组织的网络。其主要组成部分为传感器、通信模块和数据处理单元的节点，各节点通过协议自组成一个分布式网络，这个网络称为无线传感器网络。无线传感器网络中主要包含如下3类节点。

（1）传感器节点（Sensor Node）。传感器节点是具有感知和通信功能的节点，在传感器网络中负责监控目标区域并获取数据，以及完成与其他传感器节点的通信，能够对数据进行简单的处理。

（2）汇聚节点（Sink Node）。汇聚节点又称基站节点，负责汇总由传感器节点发送过来的数据，并作进一步数据融合及其他操作，最终把处理好的数据上传至互联网。

（3）管理节点（Manage Node）。管理节点负责动态管理整个无线传感网，访问用户通过管理节点访问和获取无线传感网中的其他节点资源。

图3-3所示为无线传感器网络系统结构图。

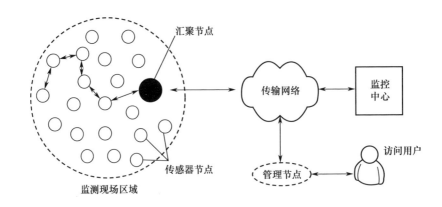

图3-3　无线传感器网络系统结构

无线传感器网络具有如下5个特点。

（1）大规模网络组网。网络区域大，网络节点部署密集，不同空间视角可以获得更大的信噪比信息，分布式处理采集信息能有效提高数据检测的精准度，降低对于单个网络节点的容错要求，具备较高的稳健性。

（2）自组织网络，动态拓扑结构。网络形式具备不确定性，网络拓扑结构可变，能够自动进行网络配置和自愈管理，在部分传感器节点由于能量耗尽或环境因素造成失效，使得网络拓扑结构动态变化，而网络本身的功能不会受到影响，这种自组织性使得网络本身能够适应这种动态拓扑结构的变化，整个传感网络系统具有较好的可重构性。

（3）多路由远程数据传输。在无线传感器网络中，节点与其相近的节点进行数据传输，当需要实现两个非临近节点的数据传送时，就要进行多路由选择。多路由是指一个节点的数据发往较远（非临近）节点时，可通过中间节点作为中继传递信息，而这些中继节点和一般节点一样，也可传递与自己相关的数据信息。这样每个节点就能实现两个功能：发送和转发信息。一个节点通过多条路由即可将信息远距离发送到目标节点。

（4）高可靠网络。无线传感器网络宜部署在恶劣条件和实施部署困难的区域，传感器节点可工作于室外露天环境，适应环境条件恶劣的场景，具备较高的工作稳定性。由于网络节点较多，网络维护要求无线传感器网络具备较高的通信保密性和抵抗网络攻击的安全性，防止监测数据被非法盗取和信息伪造。因此，无线传感器网络在软硬件应用上往往具备较好的稳健性和容错率。

（5）以数据为中心的网络。传统互联网是以计算机终端为基础形成的现有网络基础，终端系统可以脱离网络而独立存在。互联网设备具备网络中唯一的接入地址标识——IP。网络中的资源定位和数据传输依赖终端、路由设备、服务器等网络设备的 IP 地址。而无线传感器网络是一种以任务为导向的网络，网络节点标识取决于无线传感网络协议的设定，节点与节点之间是一种无关联的动态结构，网络的日志与事件查询往往不是以节点为终端的，而是由用户通过管理节点直接获取信息，这种以数据为中心的网络具备较强的动态特性，符合现有的网络与信息时代以数据为核心导向的发展趋势。

在智慧灯杆应用的车联网 RSU、智慧安防、环境监测监控等实际场景中，迫切需要这种无线感知网络，并在此技术基础之上，引入图像、音/视频等多媒体数据形式。这些信息通过单跳或多跳中继传送到汇聚节点，汇聚节点接收的数据传输到数据监控中心，通过分析处理并发送到用户终端，实现全面有效的信息处理响应。

🔍 3.2　视觉技术　　　　　　　　　　　　　　　　＋

视觉技术主要用计算机来模拟人的视觉功能，但并不仅是人眼的简单延伸，更重要的是具有大脑的一部分视觉分析功能，即从客观事物的图像中提取特征信息，对特征信息降维处理后加以分析、理解，最终用于实际检测、工业测量和控制。

计算机视觉作为视觉技术的关键代表和组成部分，诸如图像检测、分类、识别和定位等功能的实现均依赖计算机视觉技术。下面介绍几种基于计算机视觉技术的重要应用及其学习模型。

3.2.1　图像分类

图3-4所示为图像分类示意图。

图3-4　图像分类

对于给定一组被标记为单一类别的图像，对一组新的测试图像的类别进行预测，并测量预测的准确性结果，这就是图像分类问题。计算机视觉技术研究提出了一种基于数据驱动的方法。该方法并不是直接在算法程序中指定每个感兴趣的图像类别，而是为计算机的每个图像类别都提供许多示例，然后设计一个学习算法，查看这些示例并学习每个类别的视觉外观。也就是说，首先积累一个带有标记图像的训练集，然后将其输入计算机中，由计算机来处理这些数据。

可以按照下面的步骤来分解。

（1）输入是由 N 个图像组成的训练集，共有 K 个类别，每个图像都被标记为其中一个类别。

（2）使用该训练集训练一个分类器，来学习每个类别的外部特征。

（3）预测一组新图像的类标签，评估分类器的性能，用分类器预测的类别标签与其真实的类别标签进行比较。

目前较为流行的图像分类架构是卷积神经网络（Convolutional Neural Networks，CNN）——将图像送入网络，然后网络对图像数据进行分类。

3.2.2 对象检测

图 3-5 所示为对象检测示意图。

图 3-5 对象检测

对象检测中的识别对象这一任务，通常会涉及为各个对象输出边界框和标签。这不同于分类/定位任务——对很多对象进行分类和定位，不仅仅是对个主体对象进行分类和定位。在对象检测中，只有两个对象分类类别，即对象边界框和非对象边界框。例如，在汽车检测中，必须使用边界框检测所给定图像中的所有汽车。

如果使用视觉技术中图像分类和定位图像这样的滑动窗口技术，需要将卷积神经网络应用于图像上的很多不同物体上。由于卷积神经网络会将图像中的每个物体识别为对象或背景，因此，需要在大量的位置和规模上使用卷积神经网络，这需要很大的计算量。

为了解决这一问题，计算机视觉技术研究人员建议使用区域（Region）这一概念，这样就会找到可能包含对象的"斑点"图像区域，运行速度就会大大提高。这是一种基于区域的卷积神经网络（R-CNN），并在此基础上提升算法收敛速度，提出了二次增强的Fast R-CNN，大大提升了对象检测速度。

近年来，主要的目标检测算法已经转向更快、更高效的检测系统。这种趋势在 You Only Look Once（YOLO）、Single Shot MultiBox Detector（SSD）和基于区域的全卷积网络（R-FCN）算法中尤为明显。

3.2.3　目标跟踪

图3-6所示为目标跟踪示意图。

目标跟踪，是指在特定场景跟踪某一个或多个特定感兴趣对象的过程。传统的应用就是视频和真实世界的交互，在检测到初始对象之后进行观察。现在，目标跟踪在计算机辅助驾驶领域也很重要，如Uber和特斯拉等公司的无人驾驶技术。

根据观察模型，目标跟踪算法可分为两类：生成算法和判别算法。

（1）生成算法使用生成模型来描述表观特征，并将重建误差最小化来搜索目标，如主成分分析算法（PCA）。

（2）判别算法用来区分物体和背景，其性能更稳健，并逐渐成为跟踪对象的主要手段（判别算法也称为 Tracking-by-Detection ， 深度学习也属于这一范畴）。

图3-6　目标跟踪

为了通过检测实现跟踪，我们检测所有帧的候选对象，并使用深度学习从候选对象中识别想要的对象。有两种可以使用的基本网络模型：堆叠自动编码器（SAE）和卷积神经网络（CNN）。

3.2.4　语义分割

图3-7所示为机器视觉语义分割示例。

计算机视觉的核心是分割，它将整个图像分成一个个像素组，然后对其进行标记和分类。语义分割试图在语义上理解图像中每个像素的角色（例如，识别它是道路、汽车还是其他类别）。如图3-7所示，除识别人、道路、汽车、树木等外，还必须确定每个物体的边界。因此，与分类不同，需要用模型对密集的像素进行预测。

与其他计算机视觉任务一样，卷积神经网络在分割任务上取得了巨大成功。最流行的原始方法之一是通过滑动窗口进行块分类，利用每个像素周围的图像块，对每个像素分别进行分类。但是其计算效率非常低，因为我们不能在重叠块之间重用共享特征。解决方案之一就是加州大学伯克利分校提出的全卷积网络（FCN），它提出了端到端的卷积神经网络体系结构，在没有任何全连接层的情况下进行密集预测，如图3-8所示。

图3-7　机器视觉语义分割示例

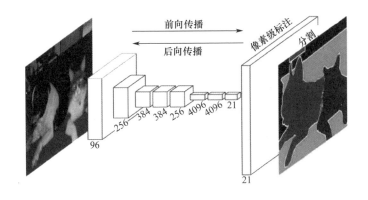

图3-8　全卷积网络（FCN）实现像素分类演示

这种方法允许针对任何尺寸的图像生成分割映射，并且比块分类算法快得多，几乎后续所有的语义分割算法都采用了这种范式。

3.2.5　实例分割

图3-9所示为实例分割示意图。

图3-9　实例分割

实例分割将不同类型的实例进行分类，如用5种不同颜色来标记5辆汽车。分类任务通常来说就是识别出包含单个对象的图像是什么，在分割实例时，需要执行更复杂的任务。我们会看到多个重叠物体和不同背景的复杂景象，不仅需要将这些不同的对象进行分类，而且需要确定对象的边界、差异和彼此之间的关系。

到目前为止，我们已经看到了如何以多种有趣的方式使用卷积神经网络的特征，通过边界框有效定位图像中的不同对象。可以将这种技术进行扩展，也就是说，对每个对象的精确像素进行定位，而不仅仅是用边界框进行定位。Facebook AI使用Mask R-CNN架构对实例分割问题进行了探索。

上述5种主要的计算机视觉技术可以协助计算机从单个或一系列图像中提取、分析和理解有用的信息。毫无疑问，视觉技术与5G+智慧灯杆的 uRLLC（超高可靠超低时延通信）场景诸多应用不谋而合，通过搭载具备特征识别功能的高清摄像头、图像感知等设备能有效对城市道路、车辆、行人信息进行获取并加以分析，为城市道路交通管理、城市公共安全、应急处理等多种服务提供技术手段和便利。

🔍 3.3 新型通信技术　　　　　　　　　　　　　　＋

3.3.1 5G 网络技术

与 4G 专注服务于移动互联网不同，5G 面对的是更加多元的极端差异化场景的性能需求。同样，与以往的通信制式不同，5G 并非由单一的颠覆性技术所驱动，更准确地说是"一组关键技术"。因此，5G 能提供"Gbps 用户体验速率"的标志性能力指标，实现更高的传输速率、超低的时延、更低的功耗及海量的连接，进而催生和推动各行各业的数字化发展，如高清视频传输、自动驾驶、工业控制等。可以说，5G 促进了许许多多垂直行业商业模式的演进甚至是重塑。因此，应树立广义的 5G 观念，不再把 5G 局限于传统电信领域，要明确 5G 在未来社会中的定位，构建 5G 产业生态体系。

广义的 5G 包含两层含义：其一是指 5G 使能技术，即 5G 具备更高的传输速率、超低时延、更低功耗及海量连接的无线技术和网络技术；其二是指 5G 关联技术群，诸如大数据、人工智能、边缘计算、传感器技术等与 5G 技术有机结合后，能产生 1+1>2 的效应并赋予 5G 向下游相关垂直行业拓展能力的技术集合。这是因为行业应用的演进或重塑，除5G 网络设施的支持以外，还需要依靠人工智能、边缘计算、视觉技术、传感器技术等多项关联技术来合力完成。5G 的作用在于，确保了各种技术所驱动的应用能够有机高效地整合在一起，并发挥更加完整且智能化的作用。下面介绍几种 5G 关键技术。

1. 大规模阵列天线技术

Massive MIMO（大规模阵列天线）技术是 4.5G/5G 的关键技术之一，在基站收发信机上使用大数量（如 64 阵列 /128 阵列 /192 阵列 /256 阵列等）的阵列天线实现了更大的无线数据流量和连接可靠性，如图 3-10 所示。相比以前的单 / 双极化天线及 4/8 通道天线，大规模天线技术能够通过不同的维度（空域、时域、频域、极化域等）提升频谱和能量的利用效率；3D 赋形和信道预估技术可以自适应地调整各天线阵的相位和功率，显著提高系统的波束指向准确性，将信号强度集中于特定指向区域和特定用户群，在增强用户信号的同时可以显著降低小区内自干扰、邻区干扰，是提升用户信号载干比的绝佳技术。

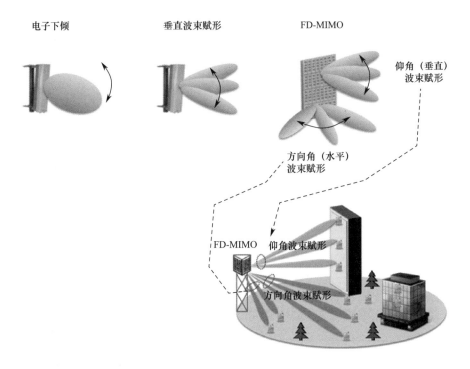

图3-10 Massive MIMO天线技术

对比5G和LTE的整个网络技术，5G网络技术就是使用了Massive MIMO天线的LTE技术。

正因为Massive MIMO天线成为5G的必配，才缩小了5G上行覆盖受限的程度，使得5G覆盖在3.5GHz频段，能和LTE 2.6GHz频段差不多，从而降低了网络投资。

另外，Massive MIMO天线能实现更大的无线数据传输，并降低信号链路干扰，改善无线链路质量。

技术原理：当天线侧天线数远大于用户天线数时，基站到各个用户的信道将趋于正交，噪声和干扰将趋于消失，而巨大的阵列增益能够有效提升每个用户的信噪比，如图3-11所示。

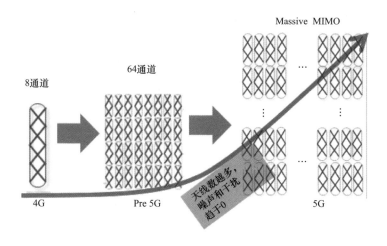

图3-11　天线数与噪声和干扰的关系

2. 新型C–RAN架构

C-RAN中的C既可以指"集中式"无线接入网络（RAN），也可以指"云"无线接入网。这两个概念是相关的，都与蜂窝基站网络设备的新架构有关。

在传统的分布式蜂窝网络，RAN是我们所认为的蜂窝基站网络的一部分，其设备在蜂窝基站塔的顶端和塔下。其主要的组件是基带单元（BBU），这是一个无线电设备，每小时处理数十亿比特的信息，并将最终用户连接到核心网络。

C-RAN提供了一种崭新而高效的替代方案。利用光纤的信号承载能力，运营商能够将多个BBU集中到一个地点，它可以在一个蜂窝基站，也可以在一个集中式的BBU池。将多个BBU集中起来，精简了每个蜂窝基站所需的设备数量，并且能够提供更低延迟等其他各种优势。一旦BBU集中化以后，商用的现成服务器就能够完成大部分的日常处理。这意味着BBU可以重新设计和进行缩减，以专门进行复杂或专有的处理。借助云RAN处理的集中式基站简化了网络的管理，并且使资源池和无线资源得以协调。

3GPP确定了5G RAN的CU-DU划分方案，即PDCP层及以上的无线协议功能由CU实现，PDCP层以下的无线协议功能由DU实现。CU与DU作为无线侧逻辑功能节点，可以映射到不同的物理设备上，也可以映射为同一个物理实体。

Cloud RAN架构允许在移动网络中使用NFV技术和数据中心处理功能，如协调、集中和虚拟化。它支持资源池（更具成本效益的处理器共享）、可扩展性（更灵活的硬件容量扩展）、层互通（应用层和RAN之间更紧密的耦合）及频谱效率。

Cloud RAN可以支持不同的网络架构功能拆分，如图3-12所示，包括实现NFV的不同级别功能。通过利用云无线接入网，运营商可以集中控制平面（图3-12中的PDCP 切片）——没有极端的比特率要求——使RAN功能更接近应用，或进一步将物理层分布到更靠近天线（图3-12中的PHY切片）以实现大量波束成形。

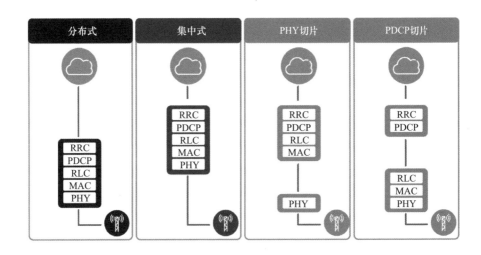

图3-12 Cloud RAN中无线接入协议层的功能分割示例

3. 网络切片技术

对网络切片最简单的理解，就是将一个物理网络切割成多个虚拟的端到端的网络，每个虚拟网络之间包括网络内的设备、接入、传输和核心网，是逻辑独立的，任何一个虚拟网络发生故障都不会影响其他虚拟网络。每个虚拟网络就像瑞士军刀上的钳子、锯子一样，具备不同的功能，面向不同的需求和服务。

5G时代，不同领域的不同设备大量接入网络，5G网络将面向3类应用场景：移动宽带、海量物联网和任务关键性物联网。并不需要为每类应用场景构建一个网络，我们要做的是，将一个物理网络分成多个虚拟的逻辑网络，每个虚拟网络对应不同的应用场景，这就叫网络切片，如图3-13所示。

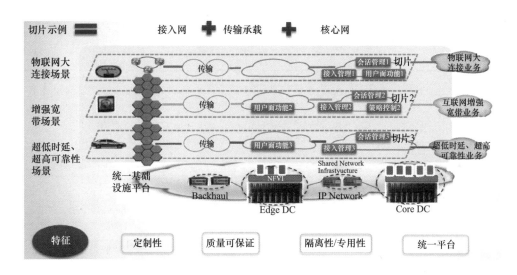

图3-13　网络切片技术示例

4. 移动边缘计算技术

移动边缘计算技术是指在网络边缘位置部署通用服务器，提供IT业务环境和云计算能力，其目的是降低业务时延、节省网络带宽、提高业务传输效率，从而为用户带来高质量的业务体验。

MEC（Mobile Edge Computing，移动边缘计算）系统独立部署，可以部署在无线接入侧、传输汇聚点或移动网络的核心网边缘〔如分布式DC（Data Center，数据中心）的网关侧〕。

MEC的应用场景包括人脸快速识别、增强现实、智能视频监控、车联网、位置相关业务等。

图3-14所示为ETSI（European Telecommunications Standards Institute，欧洲电信标准

化协会）定义的多接入EC系统框架图。

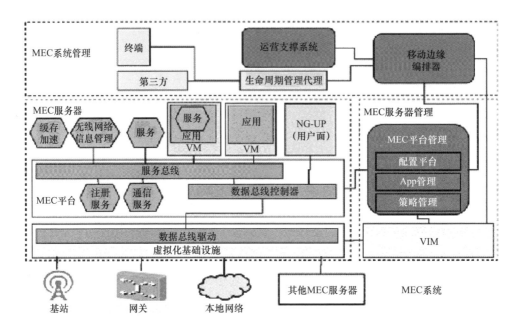

图3-14　ETSI定义的多接入EC系统框架

　　如图3-15所示，MEC技术，即将网络业务"下沉"到更接近用户的无线接入网侧，使用户感受到的传输时延减小，网络拥塞被显著控制，同时可以将更多的网络信息和网络拥塞控制功能开放给开发者。依托MEC，运营商可将传统外部应用拉入移动网络内部，使得内容和服务更贴近用户，提高移动网络速率、降低时延并提升连接可靠性，从而改善用户体验，开发网络边缘的更多价值。

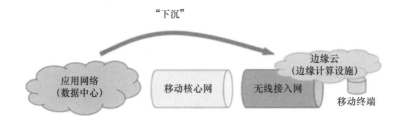

图3-15　MEC在网络中的位置示意

根据DC的四层架构，MEC需要根据业务场景，分别设置在边缘DC和核心DC中。图3-16所示为5G架构下MEC服务器部署方案示意图。

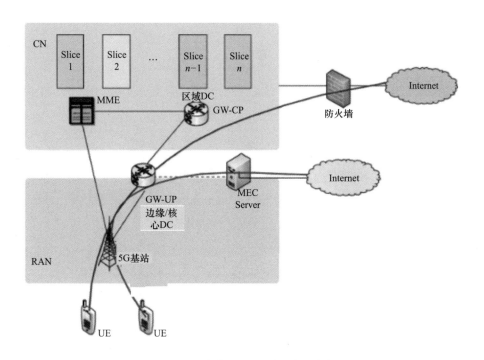

图3-16　5G架构下MEC服务器部署方案

智慧灯杆是智慧城市建设的"新型基础设施"。智慧灯杆优秀的点位、广泛的分布使其成为5G移动通信基站的良好载体，优化的5G网络是众多"5G+"应用场景的基础；搭载了多种设备的智慧灯杆，在5G网络的赋能下，可以高效地提供多领域的5G+智慧公共服务；基于5G三大场景部署，可以为智慧城市提供海量城市数据信息，面向5G移动通信的应用与发展是构建数字孪生城市的基础。

从技术角度来看，对于增强型移动宽带eMBB场景，搭载高密度的5G微站的智慧灯杆可提供大带宽高速率覆盖场景，Massive MIMO、C-Band大带宽应用较为成熟，面向广大移动终端用户具备良好的商用条件；对于海量机器类通信mMTC场景来说，可以实现智慧灯杆上搭载的环境监测、智慧照明等海量连接、小数据包、低成本、低功耗功能；对于超高可靠性低时延通信uRLLC场景来说，智慧灯杆上搭载的智慧交通设备可以提供城市车联网路侧单元相关可靠服务。

3.3.2 物联网技术

近年来，物联网技术在各行业的应用层出不穷，物联网技术以网络协议、网关、终端等多种形式渗透到智慧城市、智慧交通、智能电网、智慧校园、智慧医疗等诸多行业领域。

在我国，随着通信技术发展到第五代移动通信，一系列的变革和突破也随之应运而生，NB-IoT（窄带物联网技术）、LoRa（远距离无线电技术）、eMTC（增强机器通信技术）等低功耗广域无线通信技术不断发展。目前，我国已形成了以NB-IoT、eMTC等为代表的基于授权段蜂窝网络技术为主，以LoRa、ZigBee（紫蜂）等为代表的非授权频段技术为辅的基本格局形态。不同物联网技术参数指标对比如表3-1所示。

表 3-1　不同物联网技术参数指标对比

	NB-IoT	LoRa	ZigBee	Bluetooth
组网方式	基于现有蜂窝网络	基于 LoRa 网关	基于 ZigBee 网关	基于蓝牙 Mesh 网关
部署方式	节点	节点 + 物理网关	节点 + 物理网关	节点
传输距离	远距离，十几千米	远距离，十几千米	短距离，百米级别	短距离 (10～20m)
接入节点容量	20 万个	理论上 5 万个～8 万个	理论上 6 万个，一般几百个	理论上 6 万个
电池续航	理论上 10 年 /AA 电池	理论上 10 年 /AA 电池	理论上 2 年 /AA 电池	数天
成本	模块 30～70 元	模块 30～50 元	模块 6～15 元	模块 3～10 元
频段	License 频段，运营商频段	Unlicense 频段，Sub-GHz (433/868/915MHz)	Unlicense 频段 2.4GHz	2.4GHz 和 5GHz
传输速率	160～250kbps	0.3～50kbps	理论上 250kbps	1Mbps
网络延迟	6～10s	TBD（待定）	< 1s	< 1s
适用领域	户外，大面积传感器场景	户外，大面积传感器应用，蜂窝网络覆盖不到的地方	室内，小范围传感器，可搭建私有网络	电子终端，可穿戴设备等近距离传输场景

物联网网络架构由感知层、网络层和应用层组成，如图3-17所示。

（1）感知层实现对物理世界的智能感知识别、信息采集处理和自动控制，并通过通信模块将物理实体连接到网络层和应用层。

（2）网络层主要实现信息的传递、路由器和控制，包括延伸网、接入网和核心网，网络层可依托公众电信网和互联网，也可以依托行业专用通信资源。

（3）应用层包括应用基础设施/中间件和各种物联网应用。应用基础设施/中间件为物联网应用提供信息处理、计算等通用基础服务设施、能力及资源调用接口，以此为基础实现物联网在众多领域的各种应用。

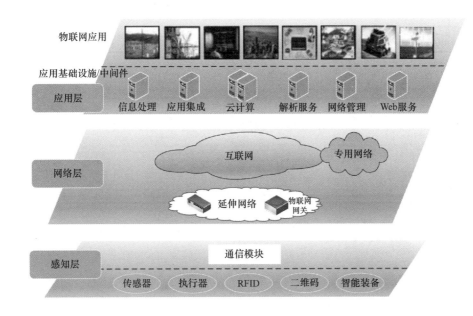

图3-17　物联网三层网络架构

智慧灯杆的部署，有效实现对于物联网行业需求数据的互联互通，利用5G网络uRLLC（超高可靠性、超低时延通信）场景下低时延、超高可靠性的通信环境，对搭载车联网模块的智慧灯杆系统可形成一个完整可靠的车联网。同时，可通过高密度5G无线网络覆盖，向车主用户提供实时周边及道路信息推送、停车预约、汽车调度等定制化服务。智慧灯杆上的环境监控和静态数据采集设备通过搭载NB-IoT、LoRa等物联网模块或网关，可提供实时协同感知道路环境、协调道路安全行驶、紧急状况实时播报等相关城市市政、气象、交通优化策略。

🔍 3.4　大数据　　　　　　　　　　　　　　　　　＋

大数据是一种从各种类型的数据中快速获得有价值信息的技术。大数据领域已经涌现出了大量新的技术，它们成为大数据采集、存储、处理和呈现的有力武器。大数据处理关键技术一般包括大数据采集技术、大数据预处理技术、大数据存储及管理技术、大数据分析及挖掘技术、大数据展现与应用技术（大数据检索、大数据可视化、大数据应用、大数据安全等）。

1. 大数据采集技术

大数据采集是指通过RFID数据、传感器数据、社交网络交互数据及移动互联网数据等方式获得的各种类型的结构化、半结构化（或称之为弱结构化）及非结构化的海量数据，是大数据知识服务模型的根本。重点要突破分布式高速、高可靠数据爬取或采集、高速数据全映像等大数据收集技术；突破高速数据解析、转换与装载等大数据整合技术；设计质量评估模型，开发数据质量提高技术。

大数据采集一般分为大数据智能感知层和基础支撑层。大数据智能感知层主要包括数据传感体系、网络通信体系、传感适配体系、智能识别体系及软硬件资源接入系统，实现对结构化、半结构化、非结构化的海量数据的智能化识别、定位、跟踪、接入、传输、信号转换、监控、初步处理和管理等，必须着重攻克针对大数据源的智能识别、感知、适配、传输、接入等技术。基础支撑层提供大数据服务平台所需的虚拟服务器，结构化、半结构化及非结构化数据的数据库及物联网络资源等基础支撑环境。重点攻克分布式虚拟存储技术，大数据获取、存储、组织、分析和决策操作的可视化接口技术，大数据的网络传输与压缩技术，大数据隐私保护技术等。

2. 大数据预处理技术

大数据预处理技术主要完成对已接收数据的辨析、抽取、清洗等操作。

（1）抽取：因获取的数据可能具有多种结构和类型，数据抽取过程可以帮助我们将这些复杂的数据转化为单一的或者便于处理的构型，以达到快速分析处理的目的。

（2）清洗：大数据并不全是有价值的，有些数据并不是我们所关心的内容，而另一些数据则是完全错误的干扰项，因此，要对数据进行过滤"去噪"，从而提取出有效数据。

3. 大数据存储及管理技术

（1）大数据存储与管理要用存储器把采集到的数据存储起来，建立相应的数据库，并进行管理和调用。重点解决复杂结构化、半结构化和非结构化大数据管理与处理技术。主要解决大数据的可存储、可表示、可处理、可靠性及有效传输等关键问题。开发可靠的分布式文件系统（DFS）、能效优化的存储、计算融入存储、大数据的去冗余及高效低成本的大数据存储技术；突破分布式非关系型大数据管理与处理技术，异构数据的数据融合技术，数据组织技术，研究大数据建模技术；突破大数据索引技术；突破大数据移动、备份、复制等技术；开发大数据可视化技术。

（2）开发新型数据库技术。数据库分为关系型数据库、非关系型数据库及数据库缓存系统。其中，非关系型数据库主要指的是 NoSQL 数据库，分为键值数据库、列存数据库、图存数据库及文档数据库等。关系型数据库包含传统关系数据库系统及 NewSQL 数据库。

（3）开发大数据安全技术。改进数据销毁、透明加解密、分布式访问控制、数据审计等技术；突破隐私保护和推理控制、数据真伪识别和取证、数据持有完整性验证等技术。

4. 大数据分析及挖掘技术

大数据分析技术改进已有数据挖掘和机器学习技术；开发数据网络挖掘、特异群组挖掘、图挖掘等新型数据挖掘技术；突破基于对象的数据连接、相似性连接等大数据融合技术；突破用户兴趣分析、网络行为分析、情感语义分析等面向领域的大数据挖掘技术。

数据挖掘就是从大量的、不完全的、有噪声的、模糊的、随机的实际应用数据中提取隐含在其中的、人们事先不知道的、潜在有用的信息和知识的过程。数据挖掘涉及的技术方法很多，有多种分类法。

根据挖掘任务可分为分类或预测模型发现、数据总结、聚类、关联规则发现、序列模式发现、依赖关系或依赖模型发现、异常和趋势发现等。

根据挖掘对象可分为关系数据库、面向对象数据库、空间数据库、时态数据库、文本数据源、多媒体数据库、异质数据库、遗产数据库及环球网 Web。

根据挖掘方法，可粗分为机器学习方法、统计方法、神经网络方法和数据库方法。机器学习，可细分为归纳学习方法（决策树、规则归纳等）、基于范例学习、遗传算法等。统计方法，可细分为回归分析（多元回归、自回归等）、判别分析（贝叶斯判别、费歇尔判别、非参数判别等）、聚类分析（系统聚类、动态聚类等）、探索性分析（主元分析法、相关分析法等）等。神经网络方法，可细分为前向神经网络（BP 算法等）、自组织神经网络（自组织特征映射、竞争学习等）等。数据库方法主要是多维数据分析或 OLAP 方法，还有面向属性的归纳方法。

5. 大数据展现与应用技术

大数据技术能够将隐藏于海量数据中的信息和知识挖掘出来，为人类的社会经济活动提供依据，从而提高各个领域的运行效率，大大提高整个社会经济的集约化程度。

在我国，大数据将重点应用于以下三大领域：商业智能、政府决策、公共服务，例如，商业智能技术、政府决策技术、电信数据信息处理与挖掘技术、电网数据信息处理与挖掘技术、气象信息分析技术、环境监测技术、警务云应用系统（道路监控、视频监控、网络监控、智能交通、反电信诈骗、指挥调度等公安信息系统）、大规模基因序列分析比对技术、Web 信息挖掘技术、多媒体数据并行化处理技术、影视制作渲染技术，以及其他各种行业的云计算和海量数据处理应用技术等。

城市基础设施的建设离不开大数据，大数据是智慧城市各领域都能应用到的关键技术，而智慧灯杆系统作为城市基础设施的末梢感知层，是基于智慧城市的综合物联感知和数据交互体系。依据智慧城市数据共享、互联互通的现状需求和目标，结合智慧灯杆业务架构，业务需求中所依赖的数据格式、数据来源、需求方及数据的分析、操作、安全隐私保护要求等要素须逐一处理。

基于智慧城市的智慧灯杆大数据"云"管理平台，可以在分析城市数据资源、相关角色、业务平台和相关工具、互联网政策法规和数据共享监督机制等目标基础上，开展关于智慧城市数据架构的设计。数据架构设计的内容包括但不限于如下两方面。

（1）大数据资源框架：对来自不同应用领域、不同形态的数据格式和类型进行整理、分类和分层。

（2）大数据"云"服务：包括数据采集、预处理、"云"存储、"云"管理、共享交换、建模、大数据分析挖掘、可视化平台等服务。

🔍 3.5 人工智能 ✛

人工智能是计算机科学的一个分支,是主要研究、开发用于模拟、延伸和扩展人的智能的理论、方法、技术及应用系统的一门新技术科学。人工智能企图了解智能的实质,并生产出一种新的能以人类智能相似的方式做出反应的智能机器,该领域的研究包括机器人、语言识别、图像识别、自然语言处理和专家系统等。

人工智能理论和技术日益成熟,应用领域也不断扩大。20世纪50年代初期,人工智能聚焦在所谓的强人工智能,希望机器可以像人一样完成任何智力任务。强人工智能的发展止步不前,才导致了弱人工智能的出现,即把人工智能技术应用于更窄领域的问题。20世纪80年代之前,人工智能的研究一直被这两种范式分割着,两营相对。但是,1980年左右,机器学习开始成为主流,它的目的是让计算机具备学习和构建模型的能力,从而可在特定领域做出预测等行为。

人工智能的目标包括推理、知识表示、自动规划、机器学习、自然语言理解、机器人视觉、机器人学和强人工智能8个方面。知识表示和推理包括命题演算和归结、谓词演算和归结,可以进行一些公式或定理的推导。自动规划包括机器人的计划、动作和学习,以及状态空间搜索、敌对搜索、规划等内容。机器学习是由AI的一个子目标发展而来的,用于帮助机器和软件进行自我学习来解决遇到的问题。自然语言处理是另一个由AI的一个子目标发展而来的研究领域,用来帮助机器与真人进行沟通交流。计算机视觉是由AI的目标兴起的一个领域,用来辨认和识别机器所能看到的物体。机器人学也脱胎于AI的目标,用来给一个机器赋予实际的形态以完成实际的动作。

图3-18所示为人工智能涵盖范围示意图。

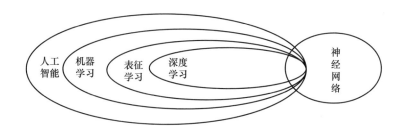

图3-18　人工智能涵盖范围

下面介绍几种人工智能的实践方法。

1. 知识的表示和推理

知识表示包括基于知识的系统、表示常识知识等。传统的知识表示已经很成熟了，既包括描述逻辑，也包括语义网（资源描述框架）。知识推理建立在逻辑上，首先需要庞大的数据集，如 freebase；其次需要关系抽取自动化工具；最后需要合理的知识存储结构，如资源描述框架。谷歌提出的知识图谱概念就是一种知识工程，它有庞大的知识库和基于知识库的各种服务。

图3-19所示为一般基于 AI 的知识工程底层技术架构示意图。

2. 自动规划

首先要说一下有限状态机（FSM），其一般应用于游戏机器人、网络协议、正则表达式、词法语法分析、自动客服等。

其次是状态空间搜索，最简单的方法是盲目搜索。优化改进的版本是启发式搜索，如 AI 算法，这方面的应用有 DeepBlue、AlphaGo。AlphaGo 在蒙特卡罗树搜索（Monte Carlo Tree Search，MCTS）基础上使用了深度学习、监督学习和增强学习等方法。"蒙特卡罗树搜索"是一类启发式的搜索策略，能够基于对搜索空间的随机抽样来扩大搜索树，始终保证选取当前抽样中的最优策略，从而不断接近全局最优，确定每步棋应该怎么走才能创造更好的机会。

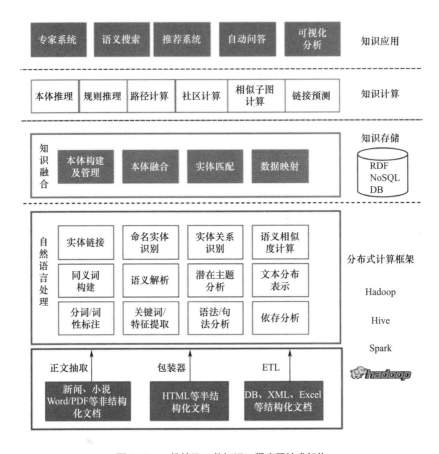

图3-19 一般基于AI的知识工程底层技术架构

3. 机器学习

谷歌CEO桑达尔·皮查伊在一封致股东信中，把机器学习誉为人工智能和计算的真正未来，可想而知机器学习在人工智能研究领域的重要地位。机器学习的方式包括有监督学习、无监督学习、半监督学习和强化学习。其中的算法有回归算法（最小二乘法、LR等）、基于实例的算法（KNN、LVQ等）、正则化方法（LASSO等）、决策树算法（CART、C4.5、RF等）、贝叶斯方法（朴素贝叶斯、BBN等）、基于核的算法（SVM、LDA等）、聚类算法（K-Means、DBSCAN、EM等）、关联规则（Apriori、FP-Growth）、遗传算法、人工神经网络（PNN、BP等）、深度学习（RBN、DBN、CNN、

DNN、LSTM、GAN等)、降维方法（PCA、PLS等)、集成方法（Boosting、Bagging、AdaBoost、RF、GBDT等)。

深度学习是机器学习中人工神经网络算法的延伸和发展，近期深度学习的研究非常火热，下面介绍一下神经网络和深度学习。先说两层网络，如图3-20所示，其中，a是"单元"的值；w表示"连线"权重；g是激活函数，一般为方便求导，采用Sigmoid函数。采用矩阵运算来简化图中公式：$a(2)=g(a(1)×w(1))$，$z=g(a(2)×w(2))$。设训练样本的真实值为y，预测值为z，定义损失函数loss $=(z-y)^2$，所有参数w优化的目标就是使对所有训练数据的损失和尽可能小，此时这个问题就转化为一个优化问题，常用梯度下降算法求解。一般使用反向传播算法，从后往前逐层计算梯度，最终求解各参数矩阵。

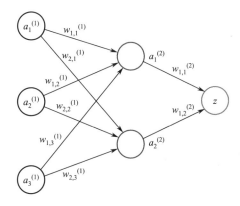

图3-20　深度学习两层神经网络算法

4. 机器人视觉

人类90%以上的信息是依靠眼睛获取的，机器人要想具有人获取信息的能力，必须解决机器人视觉系统。目前机器视觉已经具有很多视觉识别功能，如人脸识别、信息标识、OCR识别；探测物体并了解其环境的应用，如自动辅助驾驶；检测事件，道路视频监控和关键信息收集；组织信息，如对于图像和图像序列的索引数据库；对象或环境模型构造，如医学图像分析系统、地理图形模型；自动检测，如智能制造业的应用程序。

5. 自然语言处理

自然语言处理（Natural Language Processing，NLP）是人工智能的另一个目标，用于分析、理解和生成自然语言，以方便人和计算机设备进行交流及人与人之间的交流。自然语言处理的应用领域包括：机器翻译，文本、语音、图片转换，聊天机器人，自动摘要，情感分析，文本分类，信息提取等。图3-21所示为自然语言处理简要的知识架构图。

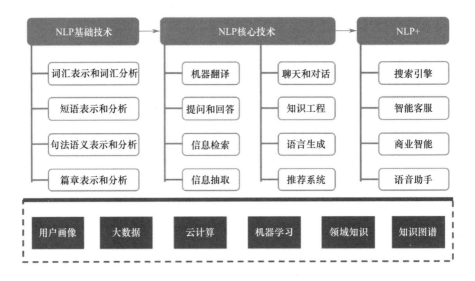

图3-21　自然语言处理简要的知识架构

6. 机器人学和强人工智能

机器人学是一个交叉学科，主要研究包括环境适应机器仿生、机器人自主行为、人机协作、微纳操作机器人、制造装备机器人、科学工程机器人、服务型机器人等。目前国内的机器人行业还没有形成规模，商业化做得好的有大疆、沈阳新松机器人公司等。

强人工智能是人工智能研究的主要目标之一。强人工智能也指通用人工智能（Artificial General Intelligence，AGI），或具备执行一般智慧行为的能力。强人工智能通常把人工智能与意识、感性、知识和自觉等人类的特征互相连接。实现强人工智能至少需要拥有以下能力。

（1）自动推理，使用一些策略来解决问题，在不确定性的环境中做出决策。

（2）知识表示，包括常识知识库。

（3）自动规划。

（4）学习能力。

（5）使用自然语言进行沟通。

人类智慧是人类的"隐性智慧"与"显性智慧"相互作用、相互促进、相辅相成的能力体系。"隐性智慧"主要是指人类发现问题和定义问题，从而设定工作框架的能力，由目的、知识、直觉能力、抽象能力、想象能力、灵感能力、顿悟能力和艺术创造能力所支持，具有很强的内隐性，因而不容易被确切理解，更难以在机器上进行模拟。"显性智慧"主要是指人类在隐性智慧所设定工作框架内解决问题的能力，依赖收集信息、生成知识和创新解决问题的策略并转换为行动等能力的支持，具有较为明确的外显性，因而有可能被逐步理解并在机器上模拟出来。目前几乎所有的人工智能都只能模仿人类解决问题的能力，而没有发现问题、定义问题的能力。因此，"人工智能将全面超越人类智慧"的说法没有科学根据，目前的人工智能只是帮助人类提高生产力的工具而已。

可以设想，未来人工智能带来的科技产品，将会是人类智慧的"容器"。人工智能可以对人的意识、思维的信息过程进行模拟。人工智能不是人的智能，但能像人一样思考，也可能超过人的智能。目前主流的算法主要分为传统的机器学习算法和神经网络算法。

◯ 3.6 云计算   ＋

　　美国国家标准与技术研究院（NIST）对云计算的定义如下：云计算是一种按使用量付费的模式，这种模式提供可用的、便捷的、按需的网络访问，进入可配置的计算资源共享池（资源包括网络、服务器、存储、应用软件、服务），这些资源能够被快速提供，同时只需要投入很少的管理工作，或与服务供应商进行较少的交互。

　　云计算是基于互联网相关服务的增值、扩充和交互模式，通过互联网来提供动态易扩展、虚拟化的资源。云是网络分布式和虚拟化的一种拟态说法，是互联网与建立互联网所需底层基础设施的抽象虚拟体。云计算是一种计算能力、网络能力和安全性能的综合能力，是当代互联网服务的基础设施。

　　云计算是分布式计算的一种，通过使算力分布在大量的分布式计算机终端上，而非本地计算机或远程服务器中，企业的数据中心运行将与互联网更加相似，使得企业能够将数据等信息资源切换到所需的应用上，根据需求访问计算机和存储系统。云计算将网络上分布的计算、存储、服务构件、网络软件等资源集中起来，利用资源虚拟化的方式，为用户提供高效快捷的服务，实现计算与存储的分布式与并行处理。如果把"云"视为一个虚拟化的存储与计算资源池，那么云计算则是这个资源池基于网络平台为用户提供的数据存储和网络计算服务。互联网是最大的一片"云"，其上的各种计算机资源共同组成了若干个庞大的数据中心及计算中心。图3-22所示为云服务工作原理示意图。

　　云服务按网络结构分类可划分为公有云、私有云、混合云。

　　（1）公有云。公有云通常指第三方提供商提供的云服务，一般可通过互联网使用。其优点是：以相对低廉的价格，提供有吸引力的服务给终端用户，创造新的业务价值；能够整合上游行业服务（如增值业务、广告）供应者和下游终端用户，打造完整的价值链和生态系统；使客户能够访问和共享基本的计算机基础设施，其中包括硬件、存储和带宽等资源。公有云通常不能满足许多安全法规遵从性要求，不同的服务器驻留在多个国家，并具有各种不同的本地安全法规。另外，网络问题可能发生在在线流量峰值期间。

虽然公有云模型通过提供按需付费的定价方式通常具有成本效益，但在移动大量数据时，其消耗费用会迅速增加。

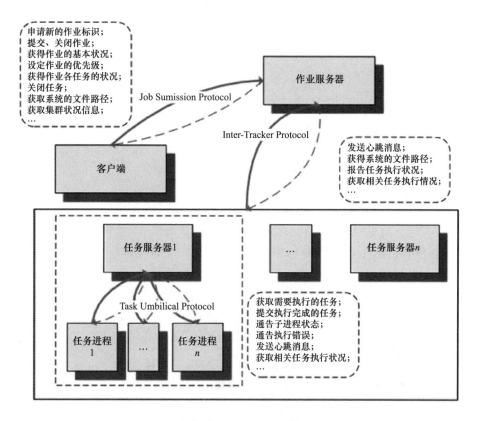

图3-22　云服务工作原理

（2）私有云。私有云是为客户单独使用而构建的云服务。对于企业级服务来说，私有云具有更高的安全性和隐私性，可以定制解决方案，更充分地利用计算资源，减少资源消耗。同时，私有云的可靠性、云空间扩展和速度优势也被企业所看重。但私有云价格较高，企业仅限于合同中规定的云计算基础设施资源。私有云的高度安全性可能会使得从远程位置访问变得很困难。

（3）混合云。混合云是公有云和私有云两种服务方式的结合。混合云为应用程序在多云环境中的移动提供了极大的灵活性，企业可以根据需要选择是否使用成本更昂贵的云服务资源；缺点是因为配置更加复杂而难以维护和保护。此外，由于混合云是不同的云平台、数据和应用程序的组合，所以，资源的整合可能是另一项挑战。在开发混合云时，基础设施之间的兼容性问题也是需要考虑的。

云计算的服务模式分为软件即服务（SaaS）、平台即服务（PaaS）、基础设施即服务（IaaS）3种形式。

（1）SaaS：这一模式主要为客户提供应用软件类的服务。有关供应商将其应用软件全部共享在其"云端"服务器上，在互联网作用下，使用户享受其服务，并依据需求进行订购，费用计算以时间、数量为主，用户只要通过Web浏览器就可以获取服务。SaaS与PaaS的区别在于，使用SaaS的不是软件开发人员，而是软件的终端用户。

（2）IaaS：在互联网的作用下，供应商将不同服务器集群后所形成的"云端"等基础设施来为客户提供"云"服务，其服务种类包括服务的虚拟化及资源存储等。该服务类型属于硬件托管式，用户对供应商提供的硬件服务采取租用或购买使用的方式。

（3）PaaS：这种方式以为用户提供开发软件平台及相关研发环境为主，通过其提供的开发平台，客户能自行研发各种程序，并借助互联网得以使用。PaaS模式与SaaS模式具有相同之处，不同之处在于PaaS是开发软件的平台，而SaaS是应用软件的平台。

在典型云计算模式应用中，用户通过终端接入网络，向"云"端提出请求服务，"云"端接受请求后配置相关资源，通过网络为终端提供相关"云"服务。云计算是随着微端处理器、分布式存储、宽带2.0技术、虚拟化技术和自动化管理技术的发展应运而生的。云计算的实现取决于"云"端的数据存储能力和分布式计算能力，即云计算可以看成存储"云"和计算"云"的综合形态。图3-23所示为云计算的工作服务形式结构图。

图3-23　云计算的工作服务形式结构

云计算具有如下五大特性。

1. 基于互联网

云计算通过把一台台的服务器连接起来，使服务器之间可以相互进行数据传输，数据就像网络上的"云"一样在不同服务器之间"飘"，同时通过网络向用户提供服务。

2. 按需服务

"云"的规模是可以动态伸缩的。在使用云计算服务时，用户所获得的计算机资源是按用户个性化需求增加或减少的，并在此基础上对自己使用的服务进行付费。

3. 资源池化

资源池是对各种资源（如存储资源、网络资源）进行统一配置的一种配置机制。从用户角度来看，无须关心设备型号、内部的复杂结构、实现的方法和地理位置，只需要关心自己需要什么服务即可。从资源的管理者角度来看，最大的好处是资源池可以近乎无限地增减或更换设备，并且管理、调度资源十分便捷。

4. 安全可靠性

云计算必须保证服务的可持续性、安全性、高效性和灵活性。对于供应商来说，必须采用各种冗余机制、备份机制、足够安全的管理机制和保证存取海量数据的灵活机制等，保证用户的数据和服务安全可靠。对于用户来说，其只要支付一笔费用，即可得到供应商提供的专业级安全防护，可以节省大量时间与精力。

5. 资源可控性

云计算提出的初衷，是让人们可以像使用水和电一样便捷地使用云计算服务，从而极大地方便人们获取计算服务资源，并大幅度提高计算资源的使用率，有效节约成本，使得资源在一定程度上属于"控制范畴"。

🔍 3.7　边缘计算 ✛

边缘计算（Edge Computing）是一种在物理上靠近数据生成的位置处理数据的方法，这种技术使得联网设备能够处理在"边缘"形成的数据，这里的"边缘"是指位于设备内部或者与设备本身要近得多的地方。

未来，将有数十亿台设备连接到互联网，更快、更可靠的数据处理将变得至关重要。近年来，云计算的整合和集中化性质被证明具有成本效益和灵活性，但物联网和移动计算的兴起给网络带宽带来了不小的压力。最终，并不是所有的智能设备都需要利用云计算来运行。在某些情况下，这种数据的往返传输，也应该能够一一避免。由此，边缘计算应运而生。图3-24所示为物联网、边缘计算和云计算之间的联系。

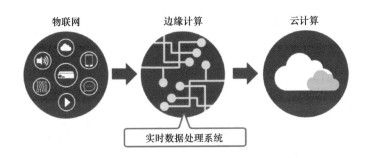

图3-24　物联网、边缘计算和云计算之间的联系

预计到2022年，全球边缘计算市场规模将达到67.2亿美元。虽然这是一个新兴领域，但在云计算覆盖的一些领域，边缘计算的运行效率可能要更高。边缘计算使得数据能够在最近端（如电动机、泵、发电机或其他设备传感器）进行处理，减少在云端之间来回传输数据的需要。

边缘计算被描述为"微型数据中心的网状网络，在本地处理或存储关键数据，并将所有接收到的数据推送到中央数据中心或云存储库，其覆盖范围不到10m²"。

例如，一辆无人辅助驾驶汽车可能包含可以立即提供其发动机状态信息的传感器。

在边缘计算中，传感器数据不需要传输到汽车上或者云端的数据中心，来查看是否有什么东西影响了发动机的运转。

本地化数据处理和存储对计算网络的压力更小。当发送到云端的数据变少时，发生延迟的可能性，以及云端与物联网设备之间的交互导致的数据处理延迟就会降低。

这也让基于边缘计算技术的硬件承担了更多的任务，它们包含用于收集数据的传感器和用于处理联网设备中的数据的 CPU 或 GPU。

随着边缘计算的兴起，理解边缘设备所涉及的另一项技术也很重要，它就是雾计算（Fog Computing）。边缘计算具体是指在网络的"边缘"或附近进行的计算过程，而雾计算则是指边缘设备和云端之间的网络连接。

换句话说，雾计算使得云更接近于网络的边缘，因此，根据 OpenFog 的说法，"雾计算总是使用边缘计算，而不是边缘计算总是使用雾计算。"

回到无人辅助驾驶场景：传感器能够收集数据，但不能立即对数据采取行动。例如，如果一名车辆工程师想要了解汽车车轴和刹车系统是如何运行的，他可以使用历史累计的传感器数据来预测零部件是否需要进行维修或替换。在这种情况中，数据处理使用边缘计算，但它并不总是即时进行的（与确定引擎状态不同）。而使用雾计算，短期分析可以在给定的时间点实现，而不需要完全返回中央云。

图 3-25 所示为云计算、雾计算与边缘计算。

关于边缘计算的讨论通常会忽略有多少类型的"边缘"计算，而边缘计算的基本驱动因素和许多类型的边缘计算需要被重点关注。

由于边缘计算指的是接近于事物、数据和行动源的计算，所以，可以把这种类型的数据处理使用更通用的术语来表示：邻近计算或者接近计算（Proximity Computing）。当我们对周围所发生的事件需要及时做出响应，以获得良好的用户体验时，由于有许多此类事件，因此，需要将这类复杂的系统编排为感知、处理和行动（Sensing Processing Acting，SPA）。SPA 的成本是本地与远程处理成本、网络连接成本及远程系统管理成本的函数。

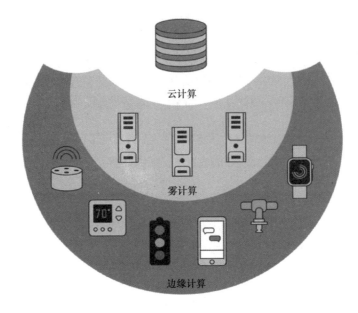

图3-25　云计算、雾计算与边缘计算

当涉及最佳邻近计算时，有很多类型的边缘（Edges）要考虑。主要有3种类型：个人边缘（Personal Edge）、业务边缘（Business Edge）及云边缘（Cloudy Edge）。这3种边缘将SPA部署到不同环境中来处理一系列不同的问题，以实现最佳的自动响应。

边缘计算是一个新兴的领域，它有如下优点。

（1）实时或更快速的数据处理和分析：数据处理更接近数据来源，而不是在外部数据中心或云端进行，因此，可以减少迟延时间。

（2）较低的成本：企业在本地设备的数据管理解决方案上的花费比在云和数据中心网络上的花费要少。

（3）网络流量较少：随着物联网设备数量的增加，数据以创纪录的速度增加。因此，网络带宽变得更加有限，让云端不堪重负，形成更大的数据瓶颈。

（4）更高的应用程序运行效率：随着滞后减少，应用程序能够以更快的速度更高效地运行。

（5）削弱云端的角色也会降低发生单点故障的可能性。

移动边缘计算（Mobile Edge Computing，MEC）技术同样改变移动互联网中网络与业务分离的状态，将业务平台下沉到网络边缘，为业务终端就近提供业务计算和数据缓存能力，实现网络从接入通道向信息化服务赋能平台的关键跨越，是新一代移动互联网发展的代表性能力。MEC的核心功能包括应用和内容进管道、动态业务链功能、控制平面辅助功能。

图3-26所示为移动边缘计算网络架构图。

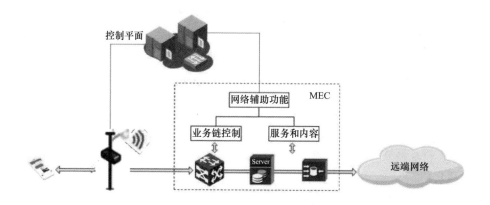

图3-26　移动边缘计算网络架构

$\bigcirc$ 3.8 信息安全技术 $+$

信息安全通常指的是信息网络的硬件、软件及系统相关数据受到保护，不受偶然因素或恶意原因遭到破坏、更改、泄露，系统可连续可靠而不中断、正常地运行。

信息安全技术是一门涉及计算机科学、网络技术、通信技术、密码技术、信息安全技术、应用数学、数论、信息论等多种学科融合的信息科学技术。其主要具有以下性质。

（1）真实性：对信息的来源进行判断，能对伪造来源的信息予以鉴别。

（2）保密性：保证机密信息不被窃听，或窃听者不能了解信息的真实含义。

（3）完整性：保证数据的一致性，防止数据被非法用户篡改。

（4）可用性：保证合法用户对信息和资源的使用不会被不正当地拒绝。

（5）不可抵赖性：建立有效的责任机制，防止用户否认其行为，这一点在电子商务中是极其重要的。

（6）可控制性：对信息的传播及内容具有控制能力。

（7）可审查性：对出现的网络安全问题提供调查的依据和手段。

信息安全技术主要是指网络信息的安全特性，通常智慧灯杆上搭载的海量传感器和汇聚节点、通信模块以无线方式进行通信，容易受到无线电干扰、窃听等攻击风险。同时多重感知数据的汇聚同样面临物理安全、传输安全和CA（Certificate Authority，电子签证机构）安全问题。智慧灯杆挂载设备在未来可能面临数据伪造和恶意节点控制的风险，这些都是需要关注并解决的信息安全问题。

通常情况下，主要面临以下几种信息安全风险和威胁。

（1）信息泄露：信息被泄露或透露给某个非授权的实体。

（2）破坏信息的完整性：数据被非授权地进行增删、修改或破坏而受到损失。

（3）拒绝服务：对信息或其他资源的合法访问被无条件地阻止。

（4）非授权访问：某一资源被某个非授权的人或以非授权的方式使用。

（5）窃听/监听：用各种可能的合法或非法的手段窃取系统中的信息资源和敏感信息。例如，对通信线路中传输的信号搭线监听，或者利用通信设备在工作过程中产生的电磁泄漏截取有用信息等。

（6）欺骗：通过欺骗通信系统（或用户），达到非法用户冒充成为合法用户，或者特权小的用户冒充成为特权大的用户的目的。

（7）旁路控制：攻击者利用系统的安全缺陷或安全性上的脆弱之处获得非授权的权利或特权。

（8）授权侵犯：被授权以某一目的使用某一系统或资源的某个人，却将此权限用于其他非授权的目的，也称作"内部攻击"。

（9）抵赖：这是一种来自用户的攻击，如对接收的信息进行伪造。

（10）重放：出于非法目的，将所截获的某次合法的通信数据进行复制，而重新发送。

（11）病毒：在计算机系统运行过程中能够实现传染和侵害功能。

（12）物理侵入：侵入者绕过物理控制而获得对系统的访问权限。

智慧灯杆是城市运行数据存储、处理信息的末端设施，需要对其信息平面的数据安全性进行保护，防止信息被非法篡改、盗取和销毁。通常可以采取访问控制、信息加密、身份认证、防火墙、入侵检测、系统容灾等方式来抵御以上信息安全风险。

目前市场相对成熟、能代表未来信息安全发展方向的产品大致有如下几类。

（1）用户身份认证。用户身份认证是各种安全措施可以发挥作用的前提，身份认证技术包括静态密码、动态密码（短信密码、动态口令牌、手机令牌）、USB Key、IC 卡、数字证书、指纹、虹膜等。

（2）防火墙。防火墙在某种意义上可以说是一种访问控制产品。它在内部网络与不安全的外部网络之间设置障碍，阻止外界对内部资源的非法访问，防止内部对外部的不安全访问。主要技术有包过滤技术、应用网关技术、代理服务技术。防火墙能够较为有效地防止黑客利用不安全的服务对内部网络的攻击，并且能够实现数据流的监控、过滤、记录和报告功能，较好地隔断内部网络与外部网络的连接。

（3）安全路由器。由于广域网连接需要专用的路由器设备，因而可通过路由器来控制网络传输，通常采用访问控制列表技术来控制网络信息流。

（4）虚拟专用网（VPN）。虚拟专用网是在公共数据网络上，通过采用数据加密技术和访问控制技术，实现两个或多个可信内部网之间的互联。虚拟专用网的构筑通常都要求采用具有加密功能的路由器或防火墙，以实现数据在公共信道上的可信传递。

（5）安全服务器。安全服务器主要针对局域网内部信息存储、传输的安全保密问题，其实现功能包括对局域网资源的管理和控制、对局域网内用户的管理及对局域网中所有安全相关事件的审计和跟踪。

（6）电子签证机构（CA）和PKI产品。CA作为通信的第三方，为各种服务提供可信任的认证服务。CA可向用户发行电子签证证书，为用户提供成员身份验证和密钥管理等功能；PKI产品可以提供更多的功能和更好的服务，将成为所有应用的计算基础结构的核心部件。

（7）入侵检测系统（IDS）。入侵检测作为传统保护机制（如访问控制、身份识别等）的有效补充，形成了信息系统中不可或缺的反馈链。

（8）入侵防御系统（IPS）。入侵防御系统作为IDS很好的补充，是信息安全发展过程中占据重要位置的计算机网络硬件。

（9）安全数据库。由于大量的信息存储在计算机数据库内，有些信息是有价值的，也是敏感的，需要保护。安全数据库可以确保数据库的完整性、可靠性、有效性、机密性、可审计性及存取控制与用户身份识别等。

（10）安全操作系统。给系统中的关键服务器提供安全运行环境，构成安全万维网服务、安全FTP服务、安全SMTP服务等，并作为各类网络安全产品的坚实底座，确保这些安全产品的自身安全。

保护智慧灯杆搭载设备网络避免受到恶意攻击而导致的网络性能下降、拥堵、数据包丢失或截取、拒绝服务攻击、地址欺骗或其他物理层攻击。网络安全技术可以有效保证搭载设备的网络有效性、完整性和不可更改性。防止非法用户对设备层的入侵行为，从物理层和网络层保护挂载设备的网络通信不受阻断和非法攻击。

Q 3.9 小结 $+$

　　智慧灯杆是一种融合多种技术的新型基础设施，是一种基于城市综合杆件的物联感知网络及交互体系，由综合杆件和物联感知网络及交互体系两个部分构成。其中，杆体本身作为物理承载端，形成了城市基础设施体系；而物联感知网络及交互体系则依托移动通信技术、感知网络技术、信息安全技术、边缘计算技术、物联网技术、大数据与云计算技术等新兴技术来实现，其形成的核心功能通过综合杆体和杆体设备的搭载，实现设备数据采集、数据传输与分析，进而形成一种多技术融合、跨界协同的智慧灯杆生态系统。

PART 3

第三篇

规划设计篇

第 4 章

智慧灯杆系统规划

智慧灯杆作为承载多种功能和应用的城市新型信息化基础设施，是构建智慧城市的重要基础，未来将在城市社会经济发展、人居环境改善、公共服务提升和城市安全运转等方面发挥积极作用。历史经验告诉我们，城市基础设施的科学布局、有序建设及健康发展都离不开规划的指导，智慧灯杆的建设同样应始终坚持"规划先行"的指导原则。本章将为读者梳理智慧灯杆规划总体思路、工作流程及要点。

🔍 4.1　规划总体思路　　　　　　　　　　　　＋

4.1.1　工作任务

智慧灯杆规划是根据当地社会经济发展的方针、政策，从问题导向和目标导向两个角度预测分析智慧城市发展的需求，在对未来发展整体性、长期性、基本性问题思考的基础上，提出全面的、长远的发展计划和愿景，指导智慧灯杆系统搭建、功能规划、空间布局和建设时序，同时也可为项目投资决策和产业发展提供依据，推动智慧灯杆建设更加集约化、规范化、合法化，促进智慧灯杆更快地发挥效益，更好地为社会经济发展服务。

4.1.2　发展理念

1. 经济适用

作为从灯杆挂载终端到网络，再到平台的一整套智慧化系统，智慧灯杆结构复杂，涉及行业领域众多，各地的建设也是一个长期探索和优化的过程。目前智慧灯杆建设仍处于试点阶段，大都以政府投资为主。在盈利模式尚不明朗的情况下，无论考虑技术的演进还是追求尽可能高的投资效率，为了长期的市场复制推广，都不宜求大求全，一味地增加挂载配置和应用功能，而应该分阶段建设，优先满足目前大体明确的场景需求，为已经稳定成熟的技术提供经济、适用的合杆或5G合站解决方案。

2. 安全可靠

相比普通路灯杆，除照明设备外，智慧灯杆还挂载了通信、WLAN、安防、环境监测、气象监测、广播、信息发布、充电桩、交通等诸多设备，且需要建立网络和运营服务平台。

硬件方面，无论是杆体、配套设备还是挂载设备，智慧灯杆都应该满足比路灯杆更高的安全、性能、安装和电磁兼容等相关规范要求，确保足够的强度、刚度和稳定性，达到杆体结构、载荷和风压等基础设计的安全等级，以及抗震、防腐、用电安全标准，其防水防护等级应不低于IP54。

电气方面，智慧灯杆的挂载设备布局应避免设备之间相互干扰，保证各设备正常运行。

信息安全方面，要满足数据采集、传输和数据流转过程的准确性、可靠性和安全性。管理和运营平台的设计应符合平台系统安全、平台共享安全、平台通信安全等要求，满足信息安全等级保护二级相关要求，以确保平台自身及其数据信息的安全。

3. 节能环保

"绿色、共享"是国家治理体系和治理能力现代化的发展理念。绿色智慧是当前城市建设的迫切诉求，也必将是未来城市发展的新常态。智慧灯杆"集约、共享、节能"的设计理念，符合城市环保要求，其建设有助于加快城市照明节能改造与城市物联网建设，推动智慧城市基础设施共建共享、绿色可持续发展。

"多杆合一"的智慧灯杆可以减少对城市土地的占用。具备智慧交通功能的智慧灯杆可以根据车流量自动调节亮度，还具有故障报警、远程抄表等功能，可大幅节约电力资源，降低维护成本；车联网可以帮助人们快速掌握车况、路况，优化出行方案，减少公共资源浪费。搭载通信微站和城市数据采集传感器的智慧灯杆可实现资源的"集约、共享"，大幅降低城市建设治理及网络部署成本，达到节能环保的目的。此外，智慧灯杆还可以提供气象、空气质量监测等功能，兼顾了环境保护需求。

4. 环境友好

智慧灯杆作为城市市政基础设施，首先要承担美化城市景观的功用，与其他道路设施等统筹进行系统设计，风格、造型、色彩等应与道路环境景观整体协调，体现城市特色，作为近场市政设施，也要展现一定的亲民风格。除此以外，智慧灯杆在杆体材质、涂料、智慧照明、充电桩等新能源应用方面，也应展示出环境友好型产品的设计。

5. 高效运营

智慧灯杆等城市基础设施建设和运营，如果还是由政府各部门分头建设、管理和运营，将导致重复建设、利用率不高及不能高效运维和运营的问题。不仅会给政府造成巨大的财政压力，也无法保证对社会和企业的有效应用支撑，更难以适应技术的持续升级。因此，需要建立一种政府政策指导、市场化运营、社会公众收益的良性管理体制，引领和驱动城市创新发展，提升城市治理能力和现代化水平，形成智慧高效、充满活力、精准治理、安全有序的城市运营新模式。

6. 持续发展

智慧城市的发展归根结底还是不断满足人民日益增长的美好生活需要，不断促进社会公平正义，形成有效的社会治理、良好的社会秩序，使人民获得感、幸福感、安全感更加充实、更有保障、更可持续。作为智慧城市重要载体的智慧灯杆，自然也服从于这样的理念。

智慧灯杆产业，需要尽快从以建为主转到长效经营，公益性的政府投资和购买服务或者补贴只能用于一时，始终需要经营者探索出更加持续的发展模式。

4.1.3 发展策略

1. 规划引领

路灯是城市耗资巨大的基础设施，后期改造升级的投入不仅耗费大量资金，也是对城市建设秩序和基础资源能力的巨大考验。智慧灯杆作为智慧城市的重要基础设施，有必要作为城市开发建设的标准配置体现在城市规划中，尽量减少后期重复投资和施工。通过统一规划，可以有效打通数据壁垒，实现城市运行数据的互联互通，促进城市规模化、精细化管理。落实智慧灯杆规划是城市信息化规划或信息基础设施规划的主要部分之一。

因此，在公共交通、市政项目、道路、绿化、公园、医院、学校、园区等建设项目中，需要结合智慧灯杆的需求主体，融合交通、公安、环保、城管、气象、工信、电信运营商等单位业务需求进行科学布局、合理规划，做到规划先行、规划引领。

2. 统筹布局

参照深圳市政府的做法，组建一个规范与整合信息基础建设的统筹主管部门，负责以下工作：①主管智慧灯杆的规划标准、建设标准、质量标准、验收标准、运营标准、规则制度的编制；②主管智慧灯杆的决策、规划、建设与运维；③沟通协调政府各业务部门，使城市基础设施统一规划、统一审批、统一建设、统一管理、权责分明；④建立考核制度、监管办法、信息沟通渠道，落实财政资金，促进智慧灯杆共建共享模式的实现。

智慧灯杆的功能和点位设计要统筹考虑照明、移动通信、公共WLAN、视频、广播、一键报警、信息发布等功能的有机整合。

3. 共建共享

智慧灯杆建设需要政府作为纽带及多个实体，包括国有企业、政府部门、私营企业的配合，以保证项目的顺利进行。由智慧城市建设的牵头部门作为智慧灯杆的主管部门，负责组织制定智慧灯杆管理政策法规、发展战略、年度建设计划，推进智慧灯杆与其他市政基础设施的同步建设。为保证智慧照明项目的顺利进行，政府部门可以建立相应的智慧灯杆建设促进基金，为智慧灯杆建设提供专项资金支持。

成立智慧灯杆共建共享协调机构，统筹和协调各方改造需求、建设改造和管理中的问题，并统一指导规划和建设，实现所有市政杆件资源的共建共享，根据市场化原则引进智慧灯杆运营管理单位，协助协调机构对杆件资源进行统一的信息化管理，提供专业的共建共享运营管理服务，以满足各方挂载需求。坚持"集成整合、统一建设、统一管理、开放共享"的原则，推动智慧灯杆的统一建设和管理，作为公共基础设施开放给社会各方，实现资源共享。政府投资的公共交通、市政项目，如道路（含铁路、高速公路）、公园、绿道、医院、学校等，智慧灯杆由政府统一规划建设。非政府投资新建的工业园区和住宅小区，应在项目规划阶段，将智慧灯杆的建设纳入总体设计范围。各部门在新建或改造路灯杆、视频监控杆、通信杆等路杆设施时，应遵循相关要求和标准规范，实现单一功能路杆向智慧灯杆的转变。政府各单位或企业如果需要用市政道路上的资源，为了避免重复投资、重复开挖、反复扰民，由使用单位向协调机构提出有偿租用需求申请，通过后方可实施。

4. 因地制宜

多功能智慧灯杆的建设标准应该根据各个地区的具体情况制定，不能脱离城市的经济发展和人民生活的实际水平。同时，要根据城市的布局和规划恰当地选择不同档次和规格的智慧灯杆，使其与城市的道路建设和建筑景观相协调。

智慧灯杆承载的业务相当复杂，在进行项目可研和设计时，既要适应智慧城市的发展，也要了解本地区用户的真正需求，不能一味地堆砌功能，人为复杂化，而要基于适度、适合、适应的本地化设计理念，根据城市的规模或场所，合理配置各项功能，例如，中心城市与地级、县级城市的配置有所不同，城市中拥堵的道路上不宜带充电桩，不是每根路灯杆上都必须安装交通监控、污染物监控、大气质量监控、气象、医疗救助和小基站等设施，要基于真实场景需求，因地制宜，切忌闭门造车。

5. 适度超前

为了未来智慧灯杆平台甚至智慧城市的长期运营，应尽量避免重新改造，在智慧灯杆标准制定过程中要体现前瞻性，为未来预备可扩展性。在形式上可采取专家咨询、听证会、问卷调查等方式向社会征集意见，多方论证，深入分析智慧灯杆挂载设备的大小、高度、布点位置、传输方式、电力负载等技术参数，结合安装场景外观、安全等要求，按照开放共享、扩展前瞻等原则制定建设标准规范。

在实际建设项目时，也应该基于适度超前的理念为智慧灯杆软硬件预留相应的接口或可扩展空间，包括：

（1）杆体设计应充分考虑未来拓展性，预留后期功能扩展接口，便于设备的加装、更换、拆卸、维护，杆体上应预留设备安装空间；杆体内部预留穿线空间，满足强弱电线缆分离要求。

（2）管线设计时应充分考虑预留接口。

（3）智慧灯杆供配电系统的负荷容量设计适当预留扩容空间。

（4）5G 微站设备安装空间、传输接口、电力载荷可扩展。

（5）在满足业务功能要求和结构安全的前提下，为未来拟挂载设备预留资源。

（6）运营管理平台的设计应综合考虑预留与各应用业务系统、政府系统（如应急系统）等对接接口，并提供一套公共 API 和协议，以便未来第三方及管理平台进行数据和服务的调用。

6. 灵活扩展

智慧灯杆系统必须是开放的平台。兼顾考虑路灯杆的高使用年限和为未来挂载功能的不断扩展或调整变化，在尽量一次规划到位的情况下，智慧灯杆需要预留外设位置和接口，以具备良好的扩展能力，例如，预留 5G 微站的空间和接口。为未来更多的创新和探索持续发展的商业模式提供基础条件，也提高其成功运营的可能性。

4.1.4 工作思路

智慧灯杆规划应以城市总体规划为统领，以城市路网规划为基础，以支撑新型智慧城市建设为出发点，紧密衔接通信、交通、电力、市政等其他基础设施专项规划，统筹道路照明、通信基站、视频监控、交通管理、环境监测、气象监测、信息交互、应急求助等智慧城市应用需求，在此基础上制定智慧灯杆的规划部署原则和近、远期建设目标，合理规划空间布局，制订分期建设计划及实施保障措施，引领智慧灯杆健康、快速、有序建设。

智慧灯杆的规划要考虑整体性、系统性和前瞻性，打破条块分割、多头管理的现状，组建政企合作、多专业协同的规划编制工作组，建立一套高效的全流程的规划编制技术体系，明确政府各职能部门、建设运营主体和需求使用单位的分工协作机制，开展"主动协同式"的规划编制工作，探索智慧灯杆规划、建设、运营、管理一体化实施路径。规划应以深化基础设施供给侧结构性改革为主线，通过科学的需求预测和先进的技术手段来达到合理的规划布局，着力提升基础设施供给与需求的适配性，形成需求牵引供给、供给创造需求的良性动态平衡，建立健全地上和地下统筹协调的基础设施管理机制，提升基础设施服务能力和供给效率，推动智慧灯杆与5G、物联网、车联网等新一代信息基础设施共融发展，加快信息通信基础设施管理向服务群众生活转变，促进城市公共服务、生态环保、节能减排、防灾减灾等综合能力和功能的提升，推动智慧灯杆相关产业链持续健康发展。

○ 4.2 规划工作流程 ＋

由于智慧灯杆系统的规划建设涉及的需求面广、管理部门多，规划工作开展的过程中会面临沟通协调工作量大、管理要求多、技术标准不统一等诸多问题。一方面，智慧灯杆的规划要考虑整合搭载城管、公安、交通、环保、应急等领域关于视频监控、移动通信、交通管理、环境监测、信息交互、应急求助等信息化应用需求及交通标志牌、路名牌、警示牌等"哑设施"的挂载需求；另一方面，智慧灯杆涉及传输管线、电力能源等多专业基础配套设施资源的规划，同时要满足城市发展对城市空间资源利用、景观风貌协调及节能环保等方面管理要求。要解决这些问题，应当理顺规划流程，明确职责分工，做好现状资源和应用需求调研分析，因地制宜地编制适合本地实际情况的规划方案。

智慧灯杆规划流程主要包括规划准备、规划调研、规划分析、规划部署 4 个步骤，具体如图 4-1 所示。

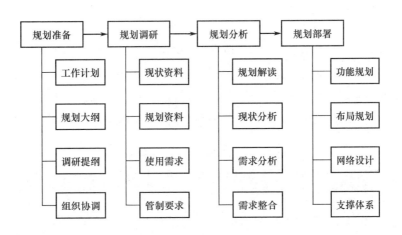

图 4-1 智慧灯杆规划流程

$\mathbb{Q}$ 4.3   规划工作要点 $\qquad$ +

4.3.1   规划准备

智慧灯杆系统的规划准备工作与一般工程的规划流程大同小异，项目启动前需要组建专项工作团队，明确规划目标、规划范围及规划期限，并从以下4个方面做好准备工作。

（1）制订项目进度计划，明确各工作阶段完成时间和工作成果。

（2）编制规划工作大纲，制订总体规划思路、原则及技术路线。

（3）制订调研提纲，明确访谈内容、资料收集清单及调研时间计划。

（4）明确涉及需要配合的相关单位，做好组织协调和落实职责分工。

4.3.2   规划调研

规划调研的目的是收集规划编制所需的基础信息资料，作为规划编制的基础依据。智慧灯杆规划调研工作的开展主要采取发调研函、上门访谈、召开座谈会、公众征询等形式，收集智慧灯杆管理单位、使用单位及相关配套设施建设单位的资源现状的信息资料、规划资料、使用需求及管制要求。需要进行调研的主要对象及内容如表4-1所示。

表 4-1   主要调研对象及调研内容

调研对象	调研内容
规划主管部门	收集国土空间规划及综合交通、控规路网、城市更新、景观风貌、历史文化名城名镇名村、历史文化街区、历史风貌区、历史建筑等专项规划基础资料，了解国土空间规划对智慧灯杆建设的控制要求，以及对智慧灯杆基础设施规划纳入法定规划体系的相关要求和建议
信息化主管部门	收集信息化发展规划、智慧城市发展规划及其他与智慧灯杆密切相关的专项规划资料，如 5G 站址、车联网、充电桩等专项规划，收集重点、特色产业园及重点企业对智慧灯杆的建设需求

（续表）

调研对象	调研内容
国家发展和改革委员会	收集国民经济和社会发展规划及重大项目的投资建设计划相关资料，了解本地重点平台建设规划及其对智慧灯杆的建设需求
照明管理部门	收集道路照明存量杆件资源现状、城市照明规划等相关资料，了解道路照明（含智慧照明）新建、改造计划
交通主管部门	收集交通设施杆件资源现状、相关规划资料，了解交通设施杆件新建、改造计划，了解对智慧灯杆集成挂载交通信号灯、交通指示牌、交通流检测器、交通执法设备、停车诱导牌等交通设施的需求、要求和建议
公安局	收集公安视频监控杆资源现状、相关规划资料，了解视频监控杆新建、改造计划，了解对智慧灯杆集成挂载公安视频监控的需求、要求和建议
城市更新局	收集城市更新改造规划和实施计划等相关资料，了解城市更新改造对智慧灯杆的建设需求，对智慧灯杆建设纳入城市更新改造规划，并与城市更新改造项目同步设计、同步施工、同步验收的要求和建议
城市管理局	收集智慧城管对智慧灯杆的使用需求及对智慧灯杆建设的相关管制要求
气象局	收集气象监测对智慧灯杆的使用需求
环保局	收集环境监测及智慧环保对智慧灯杆的使用需求
教育局	收集智慧校园对智慧灯杆的使用需求
文广新局	了解历史文化名城名镇名村、历史文化街区、历史风貌区和历史建筑等保护管理对智慧灯杆建设的相关要求
电信企业、铁塔公司	了解 5G 网络建设思路、目标和投资计划，收集 5G 微基站规划对智慧灯杆的使用需求
供电局	收集供电设施资源的现状、相关规划资料，了解供电设施智能化管理对智慧灯杆的使用需求，以及智慧灯杆供电需求与供电设施规划的衔接要求和建议
管道公司	收集城市管道资源的现状、相关规划资料，了解智慧管网建设对智慧灯杆的使用需求，以及智慧灯杆配套管道规划与管道规划的衔接要求和建议
……	……

完成调研工作后应对调研工作的过程、成果进行汇总梳理，编制调研基础材料汇编，作为规划分析的基础数据。

4.3.3 规划分析

1. 政策及规划解读

规划的首要原则是要满足合规性并注重相关规划的衔接性。规划编制工作应贯彻落实国家政策、上位规划的相关要求，结合本地智慧城市发展实际及智慧灯杆发展基础等背景情况，与公安、交通、照明、供电、环保、通信、城市更新等领域的专项规划相互衔接，分析智慧灯杆建设对本地信息化建设、城市管理、资源节约、风貌景观、惠民服务等经济和社会发展方面的重大意义。

因此，规划编制前首先要对相关国家政策、上位规划及其他相关的专项规划进行解读，从政策文件中了解政府关于城市规划发展的想法、思路与智慧灯杆建设相关联的内容，分析上位规划对智慧灯杆规划的指导原则和约束要求，研判其他领域的相关规划对智慧灯杆的建设需求、支撑作用等，在此基础上分析智慧灯杆的建设在智慧城市发展中的地位和价值，为建设项目实施的必要性、经济合理性、可操作性提供充分依据。

2. 现状及问题分析

城市道路杆件分布广、规模大，智慧化升级改造涉及的建设投资规模大，不可能一步到位完成建设，应根据城市经济发展现状、道路新改建情况，针对智慧城市应用需求对规划目标范围内的城市杆件及配套设施等资源现状进行梳理，尤其要对计划近期建设的重要区域、重要路段的现状问题进行深入分析，为因地制宜、因时制宜地进行智慧灯杆规划部署、分批建设提供支撑。

现状分析的对象主要包括道路信息、杆件信息、配套基础设施信息及存在的问题。

1）道路信息

道路信息是灯杆及挂载设备规划布局的基础信息，主要包括道路名称、道路等级、道路里程、断面类型、红线宽度、有效宽度等信息。

2）杆件信息

（1）杆件分类。杆件分类信息是需求分析、合杆整治的重要信息。以某一线城市为代表，城市道路沿线根据功能用途的不同，布置的道路杆件类型共有10大类24个子类，如表4-2所示。按功能分为4类：交通信息和设施杆（涉及6大类22个子类，分别是信号灯、交通标志、媒体发布牌、路名牌、监控探头、行人导向牌）、市政设施杆（涉及2大类3个子类，分别是路灯杆、绿道牌）、通信杆和其他杆件。

表 4-2　道路杆件分类表

编　号	大　类	子　类
1	路灯	车行道路灯
		人行道路灯
2	信号灯	机动车、非机动车信号灯
		行人过街信号灯
3	交通标志	警告标志
		禁令标志
		指示标志
		指路标志
		告示标志
		作业区标志
		旅游区标志
4	媒体发布牌	FM 交通频道信息牌
		LED 停车位信息牌
		LED 交通信息牌
5	路名牌	—
6	监控探头	交通监控
		执法电子警察
		社会治安监控

（续表）

编　号	大　类	子　类
7	行人导向牌	地铁
		码头
		场站导向牌
		公厕
		景点
		指路查询牌
8	绿道牌	—
9	通信杆	—
10	其他	消防取水点

（2）杆件信息。道路杆件信息众多，难以进行全面分析，规划阶段一般建议只对规模大、分布广的路灯杆、通信杆、监控杆、交通杆进行分析，以道路中心线两侧各50m为分析范围，主要分析的信息包括规模、位置分布、杆体类型、杆体高度、杆体老旧程度、挂载设备类型、设备数量及设备功耗。对路灯杆的分析还应包含路灯布置方式、灯具数量、光源类型、光照度等信息，分析非LED光源的规模及功耗情况，以作为路灯光源改造、智能化升级的节能效益分析的基础数据。

3）配套基础设施信息

配套基础设施信息主要包括智慧灯杆系统正常运行所需的管线、通信网络、供电条件等基础设施的资源容量及可利用情况。

（1）管线信息主要包括现状管道的管孔大小、数量及占用情况、可利用的管孔资源等信息。

（2）通信网络主要包括附近现有的光缆资源情况。

（3）供电条件主要包括原有路灯的接电点位置、供电方式、供电容量、线路长度、线径大小等情况。

4）存在的问题

存在的问题是智慧灯杆规划的重要导向之一，城市道路杆件一般存在以下共性问题。

（1）重复建设，浪费资源。各类杆件功能单一、空间分离，各使用部门在规划、建设阶段缺乏共建共享统筹机制，重复立杆、反复开挖的现象较为普遍，造成土地、空间资源及建设投资的极大浪费。

（2）杆体林立，影响景观。各类杆件种类繁多、风格各异，杆体外观、结构形态多样，高度、颜色、尺寸不统一，例如，通信基站建设缺乏统一建设标准及景观风貌管控要求，影响城市整体景观风貌。

（3）多头管理，效率低下。目前道路杆件的建设、管理涉及城管、公安、交通及通信运营商等部门，存在多头管理、协调难度大的问题，主要采取传统的人工管理模式，管理、维护成本高，效率低。

（4）承载容量小，可扩展性差。各类杆件在设计时未考虑未来的设备挂载需求，无法承载更多新增设备需求，对解决5G、车联网等新基建建设难、成本高、周期长的问题支撑不足。

（5）部分杆件设置不合理。部分道路杆件位置设置不合理，侵占有限的人行道空间，给弱势群体造成不便；部分相邻不同标志牌存在互相遮挡、互相干扰的问题，影响驾驶人员及行人视线；存在无效标识杆件占用道路公共空间现象。

（6）各自为政，信息孤立。信息基础设施集约性差，采集数据由各职能、使用部门独立管理，缺少互联互通，形成信息孤岛。

3. 规划场景划分

要进行建设需求分析、空间布局规划，首先要按照一定的规则对规划目标区域进行规划场景的划分。规划场景一般可以结合城市道路现状、国土空间总体规划的以下5类空间要素进行划分。

（1）路网规划。

（2）城镇体系（功能布局、人口规模、公共服务）。

（3）土地使用规划。

（4）风景名胜区、公园等。

（5）历史文化遗产（历史文化名城名镇名村、历史文化街区、历史风貌区、历史街区）。

根据以上要素可将规划场景划分为2大类、15小类，具体如表4-3所示。

表4-3 规划场景划分

规划场景大类	序　号	规划场景小类
道路类	1	高速公路
	2	快速路
	3	主干路
	4	次干路
	5	支路
	6	绿道
	7	步行街
区域类	8	商圈
	9	风景名胜区
	10	历史文化名城
	11	广场、公园
	12	产业园区
	13	机关大院
	14	学校
	15	住宅小区

4. 建设需求分析

在充分进行规划调研、政策及规划解读、现状及存在问题分析的基础上，围绕政府、企业、民生各领域的实际需求，结合规划场景分类进行智慧灯杆建设需求分析，分析的主要内容如下：

（1）目标分析。

（2）用户分析。

（3）业务需求分析。

（4）系统功能需求分析。

（5）信息资源需求分析。

（6）信息共享和业务协同需求分析。

（7）基础设施建设需求分析。

（8）性能需求分析。

（9）安全需求分析。

（10）接口需求分析。

4.3.4　系统规划

1. 系统总体规划

智慧灯杆系统总体规划的具体内容包括业务架构、数据架构、应用架构、网络架构、基础设施架构、安全体系等内容。智慧灯杆系统架构的设计应从智慧应用、数据及服务融合、计算与存储、网络通信、物联感知、建设管理、安全保障、运维管理等多维角度来考虑。

1）业务架构

智慧灯杆系统业务架构的设计一般要考虑当地的战略定位和目标、经济与产业发展、自然和人文条件等因素，制定出符合本地区特色的业务架构。依据智慧城市建设的业务需求，分析业务提供方、业务服务对象、业务服务渠道等多个因素，梳理构建形成智慧灯杆系统的业务架构。业务架构一般为多级结构，可以从城市功能、行业应用、民生服务等维度进行层层细化与分解，各城市因战略定位和目标、自然和人文条件等的不同，其业务架构也存在差异，典型的业务架构如表4-4所示。

表 4-4　智慧灯杆系统三级业务架构

一级	城市功能			行业应用			民生服务	
二级	安全监管	公共服务	城市管理	交通	通信	监测	信息服务	便民服务
三级	视频监控	道路照明	人员管理	交通管理	移动通信	环境监测	免费 WiFi	汽车充电
	一键求助	公益宣传	设施管理	违章抓拍	物联网	气象监测	信息发布	手机充电
	人脸识别	公共广播	疫情防控	智能驾驶	WLAN	积水监测	信息查询	停车引导
	……	……	……	……	……	……	……	……

2）数据架构

数据是城市智慧化的重要基础，而智慧灯杆可以为智慧城市提供数据采集入口和信息联动平台，是实现城市数据共享、互联互通的重要抓手。在开展智慧灯杆系统数据架构设计时，应依据智慧城市数据共享交换现状和需求分析，结合业务架构，识别出业务流程中所依赖的数据、数据提供方、数据需求方、对数据的操作、安全和隐私保护要求等要素。在分析城市数据资源、相关角色、IT支撑平台和工具、政策法规和监督机制等数据共享环境和城市数据共享目标基础上，开展智慧灯杆系统数据架构的设计。数据架构设计的内容包括但不限于以下3项。

（1）数据资源框架：对来自不同应用领域、不同形态的数据进行整理、分类和分层。

（2）数据服务：包括数据采集、预处理、存储、管理、共享交换、建模、分析挖掘、可视化等服务。

（3）数据治理：包括数据治理的战略、相关组织架构、数据治理域和数据治理过程等。

3）应用架构

依据现有应用系统建设现状和需求分析，结合智慧灯杆系统的业务架构及数据架构要求等，对智慧灯杆系统应用系统功能模块、系统接口进行规划和设计。

智慧灯杆系统应用系统功能模块的设计应明确各应用系统的建设目标、建设内容、系统主要功能等，应明确需要新建或改建的系统，识别可重用或者共用的系统及系统模块，提出统筹建设要求，明确应用系统接口的设计。

4）基础设施架构

智慧灯杆系统基础设施架构应结合应用架构的设计，遵循"集约建设、资源共享、适度超前"的基本设计原则，设计开放、面向服务的基础设施架构，实现城市信息基础设施共建、共治、共享。智慧灯杆系统基础设施架构的设计应从实现设备搭载、物联感知、网络通信、计算与存储、数据与服务融合等多层次的功能进行设计。智慧灯杆系统基础设施架构由杆体、综合机箱、综合机房、供电系统、通信系统、信息采集系统及配套管道等设施构成。

（1）杆体由杆身、悬臂、基础等部分组成，作为挂载设备的安装载体。

（2）综合机箱包括杆箱一体化底座式或独立式机箱，内部含光缆终端盒、智能网关、监控单元及交、直流配电单元等设备。

（3）综合机房为集中放置供电设备、光缆交接设备、各业务需求的接入设备等提供运行环境的场所，可为挂载设备提供集中供电、集中传输接入等服务。

（4）供电系统由交、直流电源供电设备和供电线路组成，可为机房设备、挂载设备提供交、直流电源和备电服务。

（5）传输接入光缆是指杆体至机房接入段的光缆线路，可为智能网关或挂载设备提供上联网络的光纤传输线路。

（6）配套管道包括布放电力电缆、传输光缆所需要的管道及手孔资源。

典型的智慧灯杆系统基础设施组成如图4-2所示。

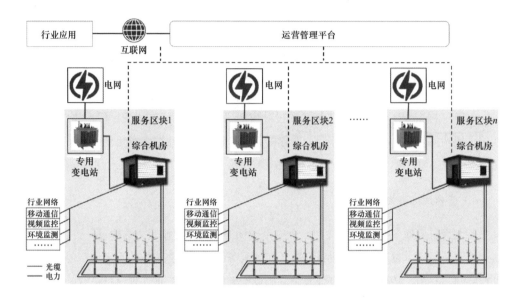

图4-2　智慧灯杆系统基础设施组成

5）网络架构

智慧灯杆网络是数据传输的通道，网络的设计与挂载设备的功能息息相关。智慧灯杆挂载设备对通信网络的需求在速率、带宽、时延、吞吐量等方面指标及安全保障要求具有较大的差异性，一般根据各类应用功能特点、通信要求并考虑经济性因素选择不同的通信方式，南向通信一般可以采用Ethernet、RS232/RS485、现场总线、Bluetooth、ZigBee、LoRa、WLAN等方式，北向通信一般可采用Ethernet、PON、PLC、4G、5G、NB-IoT等方式。因此，智慧灯杆系统网络是一个多种通信方式融合共存的网络，根据挂载设备是否通过网关接入网络，可分为直接连网、网关汇聚、混合组网等模式。

直接连网模式是指挂载设备通过Ethernet、PON、PLC、光纤直连、4G、5G、NB-IoT等通信方式直接接入公网或专网，如要求物理安全隔离的公安、交警视频监控、通信基站等挂载设备一般都采用直接连网模式接入网络。

网关汇聚模式是指挂载设备的信息数据通过智能网关接入公网或专网，是目前应用广泛的组网方式，根据网关安装的位置可以分为杆上汇聚模式和杆外汇聚模式。一般除了有直接连网特殊要求的应用，均可以采用网关汇聚模式组网。

混合组网模式是指上述两种组网模式同时混合使用。

各种组网模式示意图如图4-3～图4-5所示。

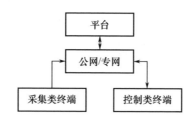

图4-3　直接连网模式

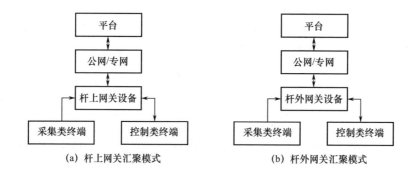

图4-4　网关汇聚模式

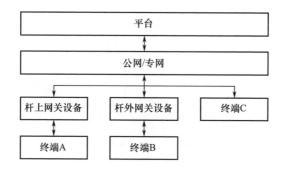

图4-5　混合组网模式

不同组网模式可选用的通信方式如表4-5所示。

表4-5　不同组网模式可选用的通信方式

组网模式		南向通信方式	北向通信方式
直接连网		—	Ethernet、PON、4G、5G、NB-IoT
网关汇聚	杆上汇聚	Ethernet、RS232、Bluetooth、WLAN	Ethernet、PON、4G、5G
	杆外汇聚	Ethernet、RS485、现场总线、ZigBee、LoRa、WLAN	Ethernet、PON、4G、5G

6）安全体系

依据智慧城市信息安全相关标准规范，结合国家政策文件中有关网络和信息安全治理要求，从规则、技术、管理等维度进行综合设计。结合城市信息通信基础设施的规划，设计网络和信息安全的部署结构。安全体系设计内容包括但不限于以下3项。

（1）规则方面：提出应遵循的、建议完善的安全技术、安全管理相关规章制度与标准规范。

（2）技术方面：明确应采取安全防护保障的对象，以及针对各对象需要采取的技术措施。

（3）管理方面：可对从事智慧灯杆系统安全管理的组织机构、管理制度及管理措施等方面提出相应的管理要求。

2. 空间布局规划

1）空间布局规划目标

智慧灯杆建设是一个分批投资、循序渐进的过程，规划的目标之一是实现科学的空间布局，合理安排建设时序及建设投资，让有限的投资解决最重要、最有价值的需求，发挥最大的经济、社会、环境效益。

2）空间布局规划思路

空间布局规划思路是在划分规划场景及建设需求分析的基础上，将规划目标区域划分为服务区块，以服务区块作为基本的规划单元进行布局规划，也作为建设优先级评估、进行计划安排、工程管理（立项、实施）、景观风貌管控的基本单元。服务区块的划分需要综合考虑以下要素。

（1）服务区块的划分宜以控制性详细规划管理单元边界、道路为边界。

（2）服务区块的划分宜考虑业务连续覆盖需求，如应保证5G、车联网的连续覆盖需求、景观风貌美化要求等。

（3）应结合评价指标体系，将场景价值、应用价值等评价指标相近的道路或区域划分在同一个服务区块内。

（4）服务区块的划分应结合新（改）建道路、大型场馆、公园、绿道、产业园区、景观廊道等城市重大建设项目的智慧灯杆建设需求，以实现同步设计、同步施工、同步投入使用。

（5）服务区块的划分还应考虑项目实施的可操作性，应控制每个服务区块的建设规模颗粒度，不宜过大也不宜过小。

3）空间布局规划原则

空间布局规划以服务区块为基本单元，结合评价指标体系、发展目标定位及当地政府或建设运营主体的资金实力，选择以下不同的战略导向进行智慧灯杆空间布局规划。

（1）以目标为导向。以高起点、高标准的建设目标进行布局规划，主要考虑社会效益和环境效益，一般适用于经济实力雄厚的发达城市、重点开发区域，以政府投资为主，已落实资金来源，且有明确建设进度要求。

（2）以需求为导向。以按需建设为原则，充分考虑投资收益和运营的可持续性，根据已明确需求及近期需求预测进行布局规划，一般适用于以社会资本投资为主的城市。

（3）以问题为导向。以解决局部道路或区域的重复建设、资源浪费、杆体林立、三线下地等景观风貌问题为主要目标，循序渐进地推进智慧灯杆建设，一般适用于政府财政实力有限、社会资本投资意愿不强的城市。

3. 评价指标体系

1）目的和原则

制定智慧灯杆评价指标体系的目的在于通过对每个基本规划单元（服务区块）进行量化的科学评测体系，引导智慧灯杆规划、建设和运营，评价智慧灯杆规划方案预期效果和实际建设效果，发挥指引方向和量化评估作用。指标体系编制遵循三个原则：一是效益性，指标能反映智慧灯杆经济效益、社会效益、环境效益；二是操作性，指标的选择要充分考虑数据采集的科学性和便利度；三是灵活性，可根据当地实际情况对各指标的权重和评价规则进行调整。

2）评价指标体系

智慧灯杆规划指标体系主要考虑经济效益、社会效益、环境效益3个维度，包括10项二级指标，具体如表4-6所示。

表4-6 评价指标体系

一级指标	序号	二级指标	指标说明
经济效益	1	投资节约率	考察项目投资相对于挂载需求单独建设的总投资的节资情况
	2	投资收益率	考察项目财务内部收益率，与设定的基准折现率对比
社会效益	3	综合共享率	综合共享率 $=\dfrac{挂载需求数}{智慧灯杆总数}-1$，考察基础设施共建共享水平
	4	需求满足率	考察项目对全量挂载需求满足情况
	5	场景价值	考察覆盖区域或路段所属场景的重要性
	6	应用价值	考察挂载功能对提升城市管理、民生服务等方面的应用价值
	7	负面影响	考察实施过程对社会交通、周围环境等方面的影响程度
环境效益	8	节能指标	考察项目的节能效益，主要是智慧照明的节能效果
	9	减杆率	考察除灯杆外的其他杆件减少的比例
	10	景观风貌	考察项目对景观风貌提升情况

3）效果评价思路

效果评价采用加权计算评分的方法，满分为100分。根据当地政府或建设主体的经济实力、对智慧灯杆的战略定位、发展目标等实际情况评估每个评价指标的相对重要程度，确定每个因素的权重，从0（不重要）到1（最重要），权重和为1，并对每个指标分5个等级（0~100分）进行量化评分（满分为100分）。同一评价指标权重在不同地区的规划中可能存在差异，这也反映了各个地区的战略定位、发展目标不同。通过将各评价指标的得分与相应的权重相乘，即可得出加权评分值。

4. 规划管控机制

智慧灯杆的建设涉及城市空间利用、地下管网的铺设，且对城市景观风貌有直接影响，因此，应将智慧灯杆规划定位为法定的要素配置类专项规划，纳入新时代的"五级三类"国土空间规划体系。

图4-6所示为国土空间规划体系。

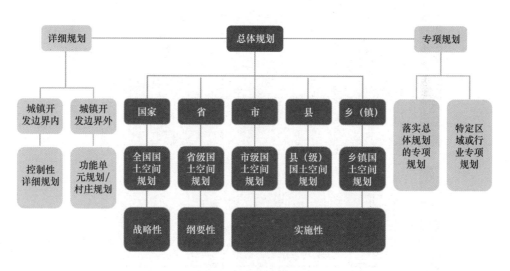

图4-6 国土空间规划体系

图4-7所示为国土空间规划约束指导专项规划的内容。

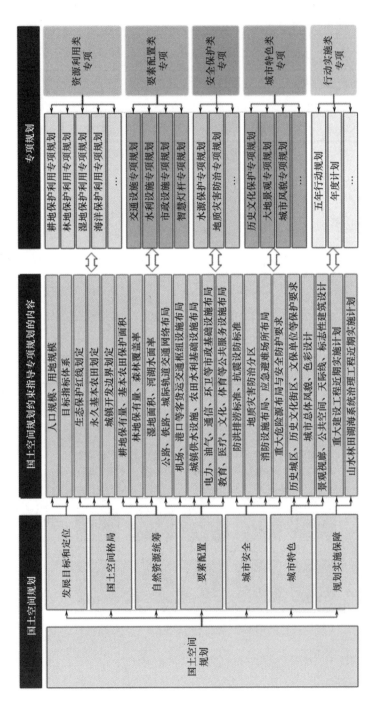

图4-7 国土空间规划与指导专项规划的内容

目前国内部分省市（如广州、深圳）已明确提出了要求地市政府层面出台智慧灯杆建设专项规划、建设计划等相关政策要求，但由于智慧灯杆涉及专业技术多、标准不统一，目前尚无成熟的规划管控机制和具体流程、方法，智慧灯杆专项规划要像交通、电力等其他城市基础设施一样有效纳入国土空间规划体系仍有待进一步探索，在此面向当前国土空间规划体系提出以下建议。

（1）专项规划要面向城市国土空间总体规划、控制性详细规划两类法定规划进行编制，提出各层次规划的管控要点，并与电力、通信等市政类专项规划及景观风貌等城市特色类专项规划相互衔接。在市级国土空间规划层面，将专项规划的内容目标、建设规模和场景划分作为专项内容；在控制性详细规划层面，有关智慧灯杆的布局、点位、高度、功能、规模、杆型等管理要素应纳入控制性详细规划指标管理体系，作为交通道路、市政、园区等建设项目规划设置条件，指导地块开发建设。

（2）将智慧灯杆专项规划成果纳入城市"多规合一"信息联动平台，以便作为其他专项规划编制的参考依据，结合专项规划制定智慧灯杆的行政管理实施细则，理顺规划、审批、建设和保障等方面的要求，更加高效地指导智慧灯杆规划落地实施。

（3）各类城市总体规划虽然在一定的时期内处于相对稳定状态，但其他专项规划和控制性详细规划存在动态变化的情况，智慧灯杆的规划成果或建设计划也应制定动态调整机制，定期根据最新需求做动态调整。

○ 4.4　小结　　　　　　　　　　　　　　 ＋

　　规划是引领产业发展的手段，智慧灯杆规划可以解决利益相关方的各种诉求。政府管理方可以通过规划落实相关政策要求，推动合法合规建设，引领建设和市场需求；社会资本可以通过规划了解当地智慧灯杆建设的战略目标和建设计划，为其研判投资机会提供依据；应用需求方可以通过智慧灯杆规划优化自身的业务发展规划；产品、服务供应商可以通过规划分析市场需求，提前制订市场拓展计划。要促进智慧灯杆产业发展，打造良好生态，规划在需求引导、技术引领、科学布局、集约建设等方面的作用不容小觑。

第 5 章

智慧灯杆工程设计

工程设计是工程建设的"排头兵",优秀而有深度的设计是实现工程目标的前提,只有在设计阶段从技术、经济上进行全面、系统的考量,才能使工程更加经济适用、安全可靠。本章将详细介绍智慧灯杆工程设计的技术要点。

🔍 5.1 总体设计原则   ＋

智慧灯杆工程总体设计原则如下:

(1)道路灯杆作为道路上连续、均匀和密集布设的道路杆件,应作为各类杆件归并整合的主要载体,在满足业务功能要求和结构安全的前提下,对道路上各类杆件、机箱、配套管线、电力和监控设施等进行集约化整合设置,宜为未来拟挂载设备预留资源,实现共建共享,互联互通。智慧灯杆基础设施的规划建设应与路网、电网、光网等市政设施做到同步规划、同步设计、同步施工、同步投入使用。

(2)智慧灯杆系统和其他道路设施等应统筹进行系统设计,挂载设备遵循小型化、减量化的设计理念,风格、造型、色彩等应与道路环境景观整体协调,体现城市特色。

(3)智慧灯杆系统的建设应具有前瞻性、科学性、经济性,与架空线入地、景观提升等市政工程同步开展,避免后期反复开挖、重复投入。

🔍 5.2　设施整合原则　　　　　　　　　　　　　+

　　智慧灯杆的设计以满足"一杆多用""多杆合一"为基本原则，充分考虑对具备条件的各类杆体、市政箱体、配套管线、电力设施等公共基础设施进行集约化整合，不具备合设条件的应规整其布局，不得占用人行通道，不得阻挡人、车视线。

1. 杆件整合

　　（1）在综合考虑各类杆件布设要求的前提下，应合杆设施如下：道路路灯杆、微站通信杆、视频监控杆、交通标志标牌杆、信号灯杆、路名牌杆、公共服务设施指示标志牌杆、公交站牌杆及其他杆件。

　　（2）道路杆件距离小于10m时应合杆；在满足功能要求和结构安全的前提下，各类杆件应按照"能合则合"的原则进行合杆。

　　（3）应合杆设施中经论证不具备合杆条件的，可独立设杆，其杆件宜与相邻杆件相距10m以上，且应与智慧灯杆及道路环境景观整体协调。

2. 箱体整合

　　（1）智慧灯杆相配套的各类机箱应在满足使用功能的前提下，按照"多箱合一、分仓使用"的要求进行整合，建设综合机箱。

　　（2）各类弱电设施设备应小型化；机箱应合理考虑各项发展需求，适当预留相应功能的位置空间。

　　（3）智慧灯杆配套的机箱应合箱，包括交通监控、公安监控、通信基站的机箱。其他设备的机箱按照"能合则合"的原则进行合箱。

3. 设备整合

（1）智慧灯杆上可搭载的监控设施包括违章监控、交通监视、智能卡口、公安监控、人脸识别监控等各类摄像头，设施应优化整体设计，小型化、减量化。

（2）智慧灯杆上可搭载的标牌设施包括指示、禁令、警告、作业区、辅助、告示、旅游区标志等各种标牌，设施应优化整体设计，小型化、减量化。

$\mathbb{Q}$ **5.3 道路照明** +

照明路灯是智慧灯杆最基本的功能，也是必配功能，其他挂载设备的布局要以路灯点位为基础进行布局。照明路灯的点位和间距按照《城市道路照明设计标准》（CJJ 45）的规定进行设计。

城市道路照明设计要确保给各种车辆的驾驶人员和行人创造良好的视觉环境，达到保障交通安全、提高交通运输效率、方便人民生活、满足治安防范需求、美化城市环境、实现绿色节能的目的。道路照明设计应符合《城市道路照明设计标准》（CJJ 45）的相关规定。

1. 道路照明分类

（1）根据道路使用功能，城市道路照明可分为机动车道路照明、交会区照明及人行道照明。

（2）机动车道照明分为快速路与主干路、次干路、支路三级。

（3）人行道按交通流量分为四级。

2. 机动车道照明设计

（1）机动车交通道路照明应采用路面平均亮度或路面平均照度、路面亮度总均匀度和纵向均匀度或路面照度均匀度、眩光限制、环境比和诱导性为评价指标。

（2）交会区照明应采用路面平均照度、路面照度均匀度和眩光限制为评价指标。

（3）人行道路照明和非机动车照明应采用路面平均照度、路面最小照度、垂直照度、半柱面照度和眩光限制为评价指标。

3. 机动车道照明设计

（1）设置连续照明的机动车道的照明标准值应符合表5-1所示的规定。

表5-1　机动车道照明标准值

级别	道路类型	路面亮度			路面照度		眩光限制阈值增量 TI（%）最大初始值	环境比 SR 最小值
		平均亮度 L_{av}（cd/m²）维持值	总均匀度 U_0 最小值	纵向均匀度 U_L 最小值	平均照度 $E_{h,av}$（lx）维持值	均匀度 U_E 最小值		
I	快速路、主干路	1.50/2.00	0.4	0.7	20/30	0.4	10	0.5
II	次干路	1.00/1.50	0.4	0.5	15/20	0.4	10	0.5
III	支路	0.50/0.75	0.4	—	8/10	0.3	15	—

注：①表中所列的平均照度仅适用于沥青路面。若为水泥混凝土路面，其平均照度值相应降低约30%。
②表中各项数值仅适用于干燥路面。
③表中对每级道路的平均亮度和平均照度给出了两档标准值，"/"左侧为低档值，右侧为高档值。
④迎宾路、通向大型公共建筑的主要道路、位于市中心和商业中心的道路，执行I级照明标准。

（2）应根据《城市道路照明设计标准》（CJJ 45）附录A中的平均亮度系数，计算求得为获得路面平均亮度而在沥青路面和水泥混凝土路面分别需要的平均照度。

（3）计算路面的维持平均亮度或维持平均照度时应按表5-2中的要求确定维护系数。

表5-2　道路照明灯具维护系数

灯具防护等级	维护系数
≥ IP65	0.70
< IP65	0.65

（4）在设计道路照明时，应确保其具有良好的"诱导性"。

（5）应根据交通流量大小和车速高低及交通控制系统和道路分隔设施完善程度，确定同一级道路的照明标准值。当交通流量大或车速高时，可选择机动车道照明标准值的高档值；对交通控制系统和道路分隔设施完善的道路，宜选择机动车道照明标准值的低档值。

（6）仅供机动车行驶的或机动车与非机动车混合行驶的快速路和主干路的辅路，其照明等级应与相邻的主路相同；仅供行驶非机动车的辅路应执行人行及非机动车道照明标准。

4. 交会区照明设计

（1）交会区的照明标准值应符合表5-3所示的规定。

表 5-3　交会区道照明标准值

交会区类型	路面平均照度 $E_{h,av}$（lx）维持值	照度均匀度 U_E	眩光限制
主干路与主干路交会	30/50	0.4	在驾驶员观看灯具的方位角上，灯具在90°和80°高度角方向上的光强分别不得超 10cd/1000lm 和 30cd/1000lm
主干路与次干路交会			
主干路与支路交会			
次干路与次干路交会	20/30		
次干路与支路交会			
支路与支路交会	15/20		

注：① 灯具的高度角是在现场安装使用姿态下度量的。
　　② 表中对每一类道路交会区的路面平均照度分别给出了两档标准值，"/"左侧为低档照度值，右侧为高档照度值。

（2）当相交会道路为低档照度值时，相应的交会区应选择交会区道照明标准值表中的低档照度值，否则应选择高档照度值。

5. 人行及非机动车道照明设计

（1）人行道及非机动车道的照明标准值应符合表5-4所示的规定。

（2）人行道及非机动车道的眩光限值应符合表5-5所示的规定。

（3）机动车道一侧或两侧设置的、与机动车道无实体分隔的非机动车道的照明应执行机动车道的照明标准；与机动车道有实体分隔的非机动车道路的平均照度值宜为相邻机动车道的照度值的1/2，但不宜小于相邻的人行道（如有）的照度。

表 5-4　人行道及非机动车道照明标准值

级别	道路类型	路面平均照度 $E_{h,av}$（lx）维持值	路面最小照度 $E_{h,min}$（lx）维持值	最小垂直照度 $E_{v,min}$（lx）维持值	最小半柱面照度 $E_{sc,min}$（lx）维持值
1	商业步行街；市中心或商业区行人流量高的道路；机动车与行人混合使用、与城市机动车道路连接的居住区出入道路	15	3	5	3
2	流量较高的道路	10	2	3	2
3	流量中等的道路	7.5	1.5	2.5	1.5
4	流量较低的道路	5	1	1.5	1

注：最小垂直照度和最小半柱面照度的计算点或测量点均位于道路中心线上距路面 1.5m 高度处。最小垂直照度需计算或测量通过该点垂直于路轴的平面上两个方向上的最小照度。

表 5-5　人行道及非机动车道的眩光限值

级别	最大光强 I_{max}（cd/1000lm）			
	≥70°	≥80°	≥90°	≥95°
1	500	100	10	< 1
2	—	100	20	—
3	—	150	30	—
4	—	200	50	—

注：表中给出的是灯具在安装就位后与其向下垂直轴形成的指定角度上任何方向的发光强度。

（4）机动车道一侧或两侧设置的人行道路照明，当人行道与非机动车道混用时，宜采用人行道照明标准，并满足机动车道路照明的环境比要求。当人行道与非机动车道分设时，人行道路的平均照度宜为相邻非机动车道的1/2。同时，人行道照明还应执行人行道及非机动车道的照明标准和眩光限值的规定。当按两种要求分别确定的标准值不一致时，应选择高标准值。

6. 照明方式及选择

（1）应根据道路和场所的特点及照明要求，选择常规照明方式、半高杆照明方式或高杆照明方式进行道路照明设计。

（2）任何道路照明设施不得侵入道路建筑限界内。

（3）常规照明灯具的布置分为单侧布置、双侧交错布置、双侧对称布置、中心对称布置和横向悬索布置5种基本方式，如图5-1所示。

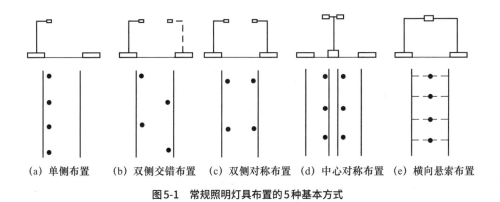

　(a) 单侧布置　　(b) 双侧交错布置　(c) 双侧对称布置　(d) 中心对称布置　(e) 横向悬索布置

图5-1　常规照明灯具布置的5种基本方式

采用常规照明方式时，应根据道路横断面形式、道路宽度及照明要求进行选择，并应符合下列规定。

① 灯具的悬挑长度不宜超过安装高度的1/4，灯具的仰角不宜超过15°。

② 灯具的布置方式、安装高度和间距可按表5-6经计算后确定。

表 5-6　灯具的配光类型、布置方式与灯具的安装高度、间距的关系

配光类型	截光型		半截光型		非截光型	
布置方式	安装高度 H（m）	间距 S（m）	安装高度 H（m）	间距 S（m）	安装高度 H（m）	间距 S（m）
单侧布置	$H \geqslant W_{\text{eff}}$	$S \leqslant 3H$	$H \geqslant 1.2W_{\text{eff}}$	$S \leqslant 3.5H$	$H \geqslant 1.4W_{\text{eff}}$	$S \leqslant 4H$
双侧交错布置	$H \geqslant 0.7W_{\text{eff}}$	$S \leqslant 3H$	$H \geqslant 0.8W_{\text{eff}}$	$S \leqslant 3.5H$	$H \geqslant 0.9W_{\text{eff}}$	$S \leqslant 4H$
双侧对称布置	$H \geqslant 0.5W_{\text{eff}}$	$S \leqslant 3H$	$H \geqslant 0.6W_{\text{eff}}$	$S \leqslant 3.5H$	$H \geqslant 0.7W_{\text{eff}}$	$S \leqslant 4H$

注：W_{eff} 表示道路有效宽度，是用于道路照明设计的路面理论宽度，它与道路实际宽度、灯具的悬挑长度和灯具的布置方式等有关。当灯具采用单侧布置方式时，道路有效宽度为实际路宽减去一个悬挑长度。当灯具采用双侧（包括交错或相对）布置方式时，道路有效宽度为实际道路宽度减去两个悬挑长度。当灯具在双幅路中间分隔带上采用中心对称布置方式时，道路有效宽度为道路实际宽度。

（4）当采用高杆照明方式时，灯具及其配置方式，灯杆位置、高度、间距及最大光强的瞄准方向等，应符合下列要求。

① 可按场地情况选择平面对称、径向对称和非对称3种灯具配置方式，如图5-2所示。布置在宽阔道路及大面积场地周边的高杆灯宜采用平面对称配置方式；布置在场地内部或车道布局紧凑的立体交叉的高杆灯宜采用径向对称配置方式；布置在多层大型立体交叉或车道布局分散的立体交叉的高杆灯宜采用非对称配置方式。对各种灯具配置方式、灯杆间距和灯杆高度均应根据灯具的光度参数通过计算确定。

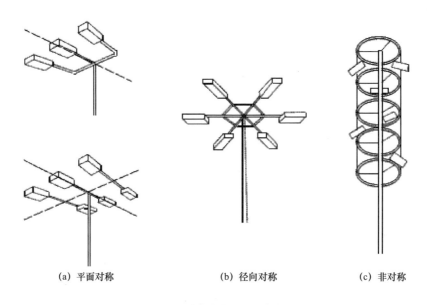

     （a）平面对称   （b）径向对称   （c）非对称

图5-2 高杆灯灯具配置方式

②灯杆不宜设置在路边易被机动车刮碰的位置或维护时会妨碍交通的地方。

③灯具的最大光强瞄准方向和垂线夹角不宜超过65°。

④ 在环境景观区域设置的高杆灯，应在满足照明功能要求的前提下与周边环境协调。

（5）道路照明方式选择应符合下列规定。

① 应采用常规照明方式，并应符合常规照明方式的相关规定。

② 路面宽阔的快速路和主干路可采用高杆照明方式，并应符合高杆照明方式的相关规定。

③ 在树遮光严重的道路，可选择横向悬索布置方式。

④ 楼群区内难以安装灯杆的狭窄街道，可选择横向悬索布置方式或墙壁安装方式。

（6）道路特殊区段及道路相关场所、道路两侧设置非功能性的照明设计要求应根据《城市道路照明设计标准》（CJJ 45—2015）的要求进行设计。

🔍 5.4 功能布局   ＋

除了基本的照明功能，智慧灯杆有两大基础设施的功能，一是为挂载设备提供硬件安装的载体，二是为所挂载设备提供电源、网络等基础配套设施及运维管理服务。智慧灯杆的功能布局其实就是挂载设备的布局，挂载设备的需求一方面来自向使用需求单位调研收集的近、远期建设需求，并与各种杆件原有的新建、改造计划相衔接；另一方面要根据不同的场景对未来的应用需求做出合理的预测和资源预留，同时应对附近现有的监控杆、通信杆、交通杆等其他功能杆件，按照"能合则合"的原则预留安装的空间和荷载。常见智慧灯杆设备挂载应用场景及推荐性配置可参考表5-7。

在分析智慧灯杆的挂载功能需求后，需根据挂载设备的覆盖目标、间距要求及现场环境因素确定智慧灯杆挂载设备的布局，在满足挂载设备的功能性、安全性、景观性等各项指标要求的前提下对挂载设备的空间布局、挂高设置进行优化组合。挂载设备的空间布局、挂高设置的要求及设备参数（体积、重量、功耗等）直接决定了杆体布局（点位、间距）、杆体设计（结构、高度、外观）及管线、供电等配套设施的设计。因此，智慧灯杆挂载设备的布局设计是影响工程造价的关键因素，应综合考虑应用场景、功能要求、景观环境、资源预留及经济合理性等因素进行设计，做到合理布局、经济实用、美观大方并具有良好的可扩展性。

除照明外的其他挂载功能设备的位置，按照明要求确定的点位及各应用需求的覆盖目标范围、布局间距要求确定可选的目标点位。常见的挂载设备的布局间距及设备挂高要求如表5-8所示。

智慧灯杆的功能设置和可选的布局位置明确后，还应综合各种挂载设备对挂载空间、挂载高度、相互间的干扰及布线要求等方面因素进行分层布局设计，确定各挂载设备的安装高度，一般可以采用以下4个层次进行分层设计。

第一层（底部）：适用充电桩、多媒体交互、一键求助、检修门、配套设备等设施，适宜高度约2.5m以下。

表 5-7　智慧灯杆设备挂载应用场景及推荐性配置

应用场景	挂载功能配置																
	智慧照明	视频采集	移动通信	公共WLAN	交通标志	交通信号灯	交通流监测	交通执法	公共广播	环境监测	气象监测	一键呼叫	信息发布屏（交通）	信息发布屏（广告）	多媒体交互	充电桩	路侧单元
高速公路	○	●	●	—	●	—	○	●	○	○	●	●	●	—	—	—	○
快速路	●	●	●	—	●	○	○	●	○	○	●	○	●	—	—	—	○
主干路	●	●	●	○	●	●	○	●	○	○	●	○	●	○	—	—	○
次干路	●	●	●	○	●	●	○	●	○	○	●	—	●	○	—	○	○
支路	●	●	●	○	●	●	○	●	○	○	●	○	—	○	—	○	○
绿道	●	●	●	○	●	—	○	●	●	○	●	○	—	○	—	—	○
立交节点	●	●	●	—	●	●	○	●	○	○	●	○	●	○	—	—	○
桥梁	●	●	●	—	●	—	○	●	○	○	●	○	●	○	—	●	○
停车场	●	●	●	○	○	○	—	○	○	○	○	○	○	○	○	●	○
广场、公园、园区、住宅小区等	●	●	●	○	○	—	—	○	●	○	●	○	○	○	○	○	○
商圈、步行街	●	●	●	○	●	○	—	○	●	○	●	—	○	○	●	○	—
风景名胜区、历史文化名城	●	●	●	○	○	○	—	○	●	○	●	●	○	○	○	○	—
山地	●	●	●	○	○	—	○	○	○	○	●	●	○	○	—	—	—

注：●宜配置；○可选配置，应根据具体情况选择；—不宜配置

表 5-8 常见挂载设备的布局间距及设备挂高参考值

设备名称	挂高参考值（m）	间距参考值（m）	确定位置时需考虑的因素
视频采集	2.5～5.5	50～100	满足监控目标范围，避开遮挡视线
通信基站	宏站：15～30 微站：8～15	宏站：300～500 微站：100～200	天线方向应能避开树木及建构筑物对信号的阻挡，一般偏移间距不宜超过规划站址间距的1/8，连续覆盖的站点一般按"之"字形在道路两侧交叉布置，并与周边站点的覆盖形成良好的互补关系
公共WLAN	＞5.5	50～150	天线方向应能避开树木及建构筑物对信号的阻挡，并与周边站点的覆盖形成良好的互补关系
公共广播	2.5～5.5	50～100	满足广播目标范围
环境监测	＞8	300～500	根据环保主管部门监测目标范围设置
气象监测	＞8	＞500	根据气象主管部门监测目标范围设置
一键呼叫	＜1.5	50～100	满足应急求助需求目标范围
信息发布屏（交通）	2.5～5.5	300～500	保证在目标路段上的车主的视线范围内，避开遮挡视线
信息发布屏（广告）	2.5～5.5	50～100	满足广告发布的目标范围
多媒体交互	＜1.5	—	满足行人使用需求
充电桩	＜1.5	按泊车位设置	一般考虑按泊车位总数的10%～20%设置
路侧单元	＞6	300～500	连续覆盖的站点一般按"之"字形在道路两侧交叉布置，满足车联网信息采集要求

注：数据仅供参考，未提及的挂载设备的间距设计根据实际需求确定。

第二层（中部）：适用路名牌、小型标志标牌、人行信号灯、摄像头、公共广播、LED大屏等设施，适宜高度为2.5～5.5m。

第三层（上部）：适用机动车信号灯、交通视频监控、交通标志、分道指示标志牌、小型标志标牌、公共WLAN等设施，适宜高度为5.5～8m。

第四层（顶部）：适用气象监测、环境监测、移动通信、智慧照明、物联网基站、路侧单元等设施，高度为8m以上。

🔍 5.5 杆体　　　　　　　　　　　　　　　　　　　＋

5.5.1 外观设计

智慧灯杆以灯杆为载体，造型上与普通路灯杆相似，杆身的设计要求实用、美观、简约。智慧灯杆的杆身直径较小、高度较矮，整体占地面积不大，一根杆放置在城市的马路边，大多数时候不会引人注意，但是智慧灯杆作为城市公共设施的一部分，兼做未来智慧城市的连接节点，需要在城市的不同区域大量布置，如果考虑到5G网络建设的需求，智慧灯杆的数量更多。因此，在进行杆身设计时，除了本身功能使用上的需求，还必须对城市的不同区域、不同景观有一定的了解，把杆体的外观无缝地与周围环境进行融合，做到和谐统一。

照明是智慧灯杆的最基础功能，进行外观设计时，首先要考虑智慧灯杆的照明功能。根据智慧灯杆的高度、覆盖的道路类型，选择能满足照度要求且外形合适的灯具。除基本的照明功能外，智慧灯杆还可在杆身的不同高度设置不同的功能，常用功能有充电桩、多媒体交互、路名牌、小型标志标牌、行人信号灯、摄像头、公共广播、LED大屏、机动车信号灯等，这些多层段设置的功能，在挂载设备时不能随便堆叠，应错落有致，保持设备的整体统一。

智慧灯杆的建设位置主要是公路、马路边，同时也在小区、公园、旅游景区等公共场所设置。在每个类别的区域设计杆体，应选择与之匹配的风格与颜色，让杆体"隐入"环境中，使人们对它们的感知降至最低，在无形之中发挥它们的功能。在公园中立杆时，可采用美化树枝等造型，将部分功能（如气象监测、环境监测、移动通信等功能）隐藏至树枝中，保证整体的协调性；在公共广场等空旷场所，可在照明灯盘上进行美化，采用古色古香型的丝带造型灯盘，以提升环境的整体观感；在步行街等商业地带立杆时，可在杆身上悬挂广告牌，增加商业气息的同时，隐藏让人感觉突兀的设备。

智慧灯杆的外形设计，要符合未来城市的美学，它代表着一种未来形态的基础设施，要与城市景观共同发展，营造一种科技的未来感。

5.5.2　结构设计

如上所述，智慧灯杆是以灯杆为载体，在杆身上增加不同功能的挂载以满足不同的使用需求。目前，很多智慧灯杆都由厂家设计和生产，它们大多以常用的路灯杆为样本，只考虑了灯具的荷载，并未考虑增加设备的荷载对杆身的影响。除增加的重量外，还有设备的迎风面积增大产生的风荷载，会对杆身甚至基础产生不利的影响。厂家在生产杆体时，缺少相应的技术水平，只能简单增大杆体的直径或者增加壁厚，这种做法可能存在一定的风险。智慧灯杆的数量众多，有些杆体的高度达到10m以上，如果杆身出现承载能力不足的问题，特别是在广东、福建等沿海地区，在台风吹袭的季节，智慧灯杆如果没有很好的抵抗风荷载的能力，极有可能出现倒杆等现象。

因此，在进行智慧灯杆结构设计时，应从工程实际出发，合理选用材料和结构方案。杆身要根据使用场地的基本风压、地面粗糙度类别、挂载设备的重量和迎风面积进行设计，要有足够的强度和刚度，能满足国家相关规范关于承载能力极限状态和正常使用状态的要求。

1. 杆身材料

当智慧灯杆采用结构钢时，宜采用Q355B低合金高强度结构钢、20号优质碳素结构钢，也可采用Q390钢或强度等级更高的结构钢，其质量标准应分别符合GB/T 1591和GB/T 699中的相关规定；结构钢应具有抗拉强度、伸长率、屈服强度和硫、磷含量的合格保证，同时也应有碳含量和冷弯试验的合格保证；同时，结构钢材质的杆体应进行防腐蚀处理，保证20年以上的防腐蚀性能。

智慧灯杆采用铝合金时，化学成分和力学性能应符合GB/T 3190、GB/T 15115、GB/T 1173、GB/T 6892、GB/T 8733、GB/T 25745中的相关规定。铝材表面不应有裂纹、折叠、结疤、夹杂等缺陷；铝合金材质应根据牌号和成型工艺进行必要的力学检测，以满足强度及稳定性的要求。

2. 构造要求

智慧灯杆杆体可采用一体化杆体和模块化杆体两种。

一体化杆体在工厂中一体成型,杆体为圆形或正多边形截面的单根管型结构,设备安装在杆体的指定位置或预留接口处,建设完成后设备位置不能改变。这种杆体结构造型简单,造价较低,结构的承载力较好,但运输成本较高,适用于功能需求较明确的城市道路和高速公路沿线等场景,可沿路施工,降低运输成本。

模块化杆体由多根构件组合而成,截面可为正方形、长方形、多边形等。杆体的造型丰富,可设置不同的插槽型接口,根据使用需求安装设备,便于扩展。其缺点是承载力较差,造价较高,适合对美化造型有特殊要求或施工空间不足的场景使用。

3. 结构设计要求

智慧灯杆结构设计采用以概率论为基础的极限状态设计方法,用分项系数设计表达式进行计算。智慧灯杆的安全等级一般情况取为二级,应按承载能力极限状态和正常使用极限状态进行设计。

(1)承载能力极限状态包括构件和连接的强度破坏、疲劳破坏和因过度变形而不适于继续承载,结构和构件失稳,结构倾覆。

(2)正常使用极限状态包括影响结构、构件正常使用或外观的变形,影响正常使用的振动,影响正常使用或耐久性能的局部破坏(包括基础混凝土裂缝)。

当按承载能力极限状态设计时,应考虑荷载效应的基本组合,必要时还应考虑荷载效应的偶然组合;当按正常使用极限状态设计时,应考虑荷载效应的标准组合。

在以风荷载为主的荷载标准组合作用下,杆顶的水平位移限值不得大于杆身总体高度的1/33。

4. 荷载和作用

在进行智慧灯杆结构设计时,荷载的标准值、分项系数、组合值系数等应符合《建筑结构荷载规范》(GB 50009)的相关规定。场地的基本风压取值一般按重现期为50年,也可根据使用年限的不同进行调整,但一般情况下不得小于0.35kN/m²。智慧灯杆杆身上的挂载设备，如灯具、显示屏、微站天线等，在计算风荷载时体型系数可以取1.3。杆身结构在计算风荷载时，如果截面为表面光滑的圆形，体型系数可以取0.6；如果截面为多边形，可根据边长数量取0.8～1.0不等。

5. 基础设计

智慧灯杆的基础设计需要满足地基承载力和抗倾覆的要求，应满足《建筑地基基础设计规范》（GB 50007）的相关规定。

智慧灯杆因为杆体高度较低，相对于通信行业中常用的高耸结构来说，受到的风荷载较小。如果套用《高耸结构设计标准》（GB 50135）中的公式进行基础计算，基础的尺寸会偏大，过于保守。经过研究和对比后，我们认为《架空输电线路基础设计技术规程》（DL/T 5219—2014，下称《架空输电线路》）第6.2.3条"无台阶浅基础倾覆稳定计算"的计算公式（见图5-3）可以作为智慧灯杆基础设计的依据。

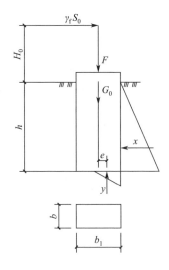

图5-3　无台阶浅基础倾覆稳定计算模型

$$\gamma_f S_0 H_0 \leqslant \frac{1}{2} E f_\beta b_1 + \frac{2}{3} E h + y(e + f_\beta h)$$

$$y=\frac{F+G_0-\gamma_f S_0 f_\beta}{1+f_\beta^2}\leq 0.8b_1 b_0 f_a,\ \text{且}\ y>0$$

$$E=\frac{1}{2}mb_0 h^2$$

$$e\leq\frac{1}{3}b_1$$

《架空输电线路》中的公式，针对的是基础的埋深与宽度之比小于3的刚性基础，这种基础的特点是杆身受力较小、基础尺寸和埋深较小、靠基础顶部的土层抵抗倾覆。《建筑地基基础设计规范》和《高耸结构设计标准》中提及的基础类型，都是针对普通结构或高耸结构进行设计的，与智慧灯杆的基础形式有较大的不同。《架空输电线路》讨论的基础类型，与智慧灯杆所使用的基础形式相近，这种计算方式可以运用到智慧灯杆的基础设计中。

智慧灯杆与基础连接的地脚螺栓，在安装灯杆前，露出基础顶面的部分要涂抹防腐材料，并妥善保护，防止螺栓锈蚀与损坏。灯杆安装完成后，应采用细石混凝土对地脚螺栓进行包封，保证地脚螺栓使用的耐久性。

🔍 5.6 综合机箱   ✛

智慧灯杆系统应在杆端设置综合机箱，用于安装光缆终端盒、智能网关、监控单元及交、直流配电单元等设备，综合机箱一般与智慧灯杆采用一体化设计，有特殊要求的也可以独立设计。综合机箱应在满足安全性、功能性要求的前提下进行优化整体设计，实现小型化、减量化，颜色与杆体颜色协调统一。

综合机箱应根据设备管理需求采用分仓设计，箱内的仓位数量应与智慧灯杆的配套设备相匹配，其中强电设备布置在上部仓室。杆箱一体化底座式综合机箱宜采用外部壳体与内部设备箱壳体组合而成的双层结构，层间敷设保温隔热材料，具有阻隔阳光辐射热的效果，内部设备箱壳体底部应根据实际的防水浸的要求进行抬高，箱体的防护等级应不低于IP55等级。

综合机箱宜配备智能监控管理系统，实时监测箱体环境参数和运行状态，采用智能门锁，实现远程开关门、门锁状态监测、开关门记录追踪等功能。

Q 5.7 供电系统 +

　　智慧灯杆系统的正常运行离不开稳定的供电系统，智慧灯杆系统应具备为挂载设备提供统一供电服务的能力，稳定的供电系统是智慧灯杆系统设备正常运行的重要保障。因此，智慧灯杆供配电系统工程是智慧灯杆系统工程建设的重要一环，直接关系到供电的安全性、可靠性、经济性及可扩展性。

　　智慧灯杆供配电系统的设计应符合现行国家、行业标准的规定，供电电压一般采用交流380V/220V，挂载设备端电压应保证在额定电压的90%～105%，用电负荷等级一般应不低于三级，对于中断供电会在经济上造成较大损失，或对公共交通、社会秩序造成较大影响的，应根据工程实际情况确定用电负荷等级。

　　智慧灯杆系统所有供电线路应统筹共建共享，配电系统接线方式宜采用放射式和树干式相结合的方式，即各级综合机箱间配电系统采用树干式接线，综合机箱至终端用电设备配电系统采用放射式接线，各级低压配电箱宜根据远期发展留有备用回路。智慧灯杆系统所有挂载设备的供电模块应统一配置，挂载设备可通过在综合机箱内配置配电单元接电，也可以通过热插拔模块的方式接电，每根智慧灯杆可配置远程电源控制模块，支持远程控制和断电保护，具备单路计量、单路开关控制等功能。

　　智慧灯杆供配电系统的负荷容量应结合近、远期的挂载设备的最高用电负荷进行设计，并考虑适当的冗余，智慧灯杆各挂载设备的功率可参考表5-9，实际可根据具体情况进行适当调整。

表 5-9　智慧灯杆挂载设备的功率参考值

设备名称	设备类别	参考功率
照明设备	照明	30 ～ 350W
视频采集	监测	25W
公共 WLAN	通信	30W
公共广播	输出	40W

（续表）

设备名称	设备类别	参考功率
环境监测	监测	0.5W
气象监测	监测	30W
一键呼叫	应急	15W
多媒体交互	显示	36W
信息发布屏	显示	$900 \sim 1200W/m^2$
交流充电桩	充电	7kW
直流充电桩	充电	$30 \sim 120kW$
宏基站	通信	$1000 \sim 1500W/$ 台
微基站	通信	$150 \sim 300W/$ 台
路侧单元	通信	$20 \sim 30W$

　　智慧灯杆供配电系统的负荷容量设计时应重点考虑充电桩、宏基站、信息发布屏等高功率挂载设备的用电需求，有特殊供电保障要求时，应根据实际情况设置备用电源，备用电源可在综合机房中集中设置或在综合机箱中分散设置。

◯ 5.8 通信网络 ＋

5.8.1 组网方式

智慧灯杆应具备为挂载设备提供通信网络接入服务的能力，目前智慧灯杆系统普遍采用直接连网与网关汇聚混合使用的组网模式接入网络。对于有物理安全隔离要求的数据（如公安、交警视频）、高带宽要求的挂载设备（如5G基站）可采用直接联网模式接入网络，其他无特殊要求的挂载设备先通过智能网关汇聚并转换成以太网后接入公网或专网，最终接入管理平台。

智能网关可实现系统信息的采集、信息输入、信息输出、集中控制、远程控制、联动控制，并具有感知网络接入、异常网络互通及通信与数据格式标准化的能力。由于智能网关的价格相对昂贵，每根智慧灯杆上配置智能网关既不经济也无必要，应根据业务管理、业务需求及兼顾经济性等因素按需布置智能网关。与智能网关同杆安装的挂载设备可通过有线传输的方式接入智能网关，未安装智能网关的智慧灯杆上的挂载设备的业务信息和监控信息可通过无线的方式接入最近的智能网关。典型的智慧灯杆系统网络组网如图5-4所示。

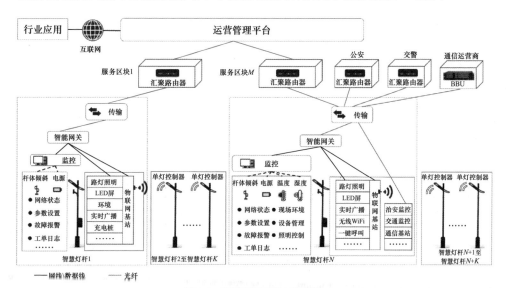

图5-4　智慧灯杆系统网络架构

5.8.2　传输光缆

为满足安防监控、移动通信基站、智能网关等设备的光纤传输接入需求，智慧灯杆宜配置不少于12芯的光纤资源，其他非裸纤传输接入的挂载设备可由智能网关统一提供传输接入服务。各项纤芯需求如表5-10所示。

表 5-10　光纤需求分析表

序号	设备类型	纤芯需求（芯）	备注
1	通信基站	6	按1家运营商1套系统3个扇区
2	智能网关	2	下带WiFi、广播、紧急呼叫、环境监测、LED屏等
3	视频监控	2	若数量多，可安装交换机
4	远期预留	2	根据远期需求预留
合计		12	

对于规模较大且集中建设的智慧灯杆项目，可从光节点敷设大芯数光缆作为主干光缆，并在合适的位置新做光缆接头，再从接头处分别割接12芯光缆至各个智慧灯杆；对于数量较少或零散分部的智慧灯杆项目，也可直接从光节点敷设12芯光缆至各个智慧灯杆。

🔍 5.9 配套管道   ＋

通信管道是通信线路在地面下的主要载体,用于敷设通信线路、电力电缆及线路附属设施。结合安全性和美观性,智慧灯杆系统的电力、通信线缆宜埋地敷设,敷设要求应符合《电力工程电缆设计标准》(GB 50217)、《通信管道与通道工程设计规范》(GB 50373)的相关规定。

为便于工程维护人员进行安装维护管道、子管、光缆、电缆,智慧灯杆旁应设置接线手孔井,电缆、光纤分支接线在接线手孔井内实施完成。

管道管孔的设计要充分考虑后续资源需求进行适当的预留,避免道路反复开挖。主干路、次干路管孔数量不应少于6孔ϕ75~ϕ110mm管道,管道中宜穿放用于光缆敷设的子管;支路预留管孔数和尺寸可按需选择。新建管孔宜采用不同管道色彩区分不同权属单位。智慧灯杆、综合机箱应根据挂载设备的线缆布放需求预置4~8根ϕ50mm的弯管与配套手井连通。管道断面图及管道埋设示意图分别如图5-5和图5-6所示。

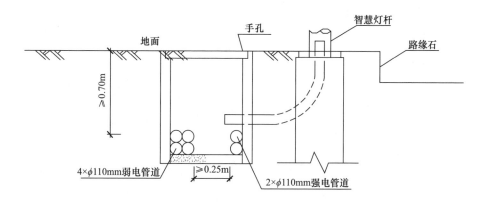

图5-5 管道断面

管道埋深(管顶距地表面)在车行道上应大于0.8m,在人行道上大于或等于0.7m,当达不到要求时,应采用混凝土包封或钢管保护。强弱电管线应分别单独穿管敷设,电缆管敷设净距不应小于0.25m。各场景管道埋深需满足表5-11所示的要求。

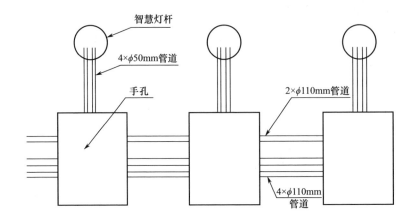

图5-6 管道埋设

表 5-11 路面至管顶的最小深度表 （单位：m）

类别	人行道下	车行道下	与电车轨道交越 （从轨道底部算起）	与铁道交越 （从轨道底部算起）
水泥管、塑料管	0.7	0.8	1.0	1.5
钢管	0.5	0.6	0.8	1.2

Q 5.10 扩展接口 +

作为多功能载体，智慧灯杆可挂载智慧照明、视频监控、无线网络覆盖、交通管理、信息发布、信息交互、环境传感监测、机动车充电等功能中的两种或多种组合。这些功能设备都属于固定增加在灯柱上的改造，一般都是在灯杆各自接电源线和传输线缆，存在多次施工安装、内部线缆混乱等问题，其延伸性和灵活性依然不足。

为了解决这些问题及更好地促进智慧灯杆的5G业务应用，有厂家提出了智慧灯杆热插拔模块的概念：在灯杆出厂时在智慧灯杆杆体上嵌装若干个热插拔模块，做成通用接口（类似电源插座），在实际环境中需要什么功能就以附加模块的形式挂载到灯杆上，可以减少不必要的投资，让资源获得最大程度的利用。热插拔模块提供给接入的附加设备一个挂载点，有一定的荷载能力，能简单替换功能模块。热插拔模块预设管理系统，通过后台能够控制设备上锁解锁、资源控制等功能，在方便使用的同时，有能力进行资源和客户模块的保护。智慧灯杆热插拔模块上的热插拔电子接口，能够提供弱电支持和网络资源授权访问。通过后台管理系统控制资源调配与授权。

智慧灯杆热插拔模块的定义如下：使用热插拔方式为智慧灯杆接入设备提供弱电和通信资源（WiFi/NB-IoT/4G/5G），且具备一定重量承载能力的软硬件集成模块，一般嵌装于智慧灯杆杆体上。

热插拔模块安装在杆体的示意图如图5-7所示。

智慧灯杆热插拔模块一般由杆体子模块与用户端插头构成。总体构成可参考图5-8和图5-9。

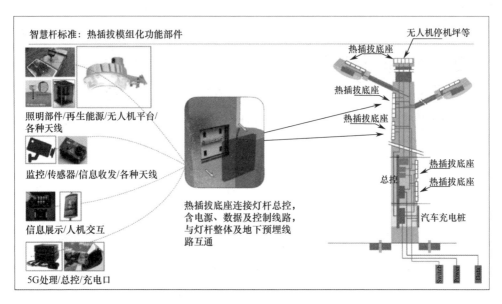

图5-7 安装在杆体的热插拔模块

图5-8 热插拔模块总体构成（正向视图）

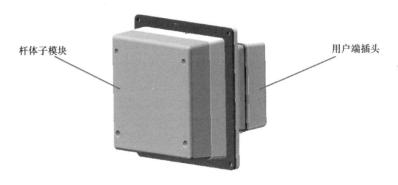

图5-9 热插拔模块总体构成（背向视图）

🔍 5.11 管理平台 　　　　　　　　　　　　　+

智慧灯杆管理平台包含软件平台搭建、维护和硬件设备的运行维护。对智慧灯杆接入的数据，通过人工智能分析与数据授权共享"云"管理，利用"大数据分析＋服务按需组合"核心技术，实现多部门、多企业数据融合，合理挖掘数据价值。

（1）顶层设计：明确管理平台的基本功能，确定平台系统架构方案，提出运营管理平台建设和维护总体方案，拟定平台运营管理模式及技术方案。

（2）技术标准制定：制定和形成5G、大数据和物联网体系、技术标准及应用标准，技术标准包括数据存储标准、信息语义标准、信息交换标准、信息加密、信息传输分类与编码标准等；应用标准包括基于各种应用场景的智慧灯杆应用标准。

（3）物理平台构建：包括数据存储系统、高性能计算服务器、GPU计算服务器、集群运维管理软件、硬件虚拟化系统、智能运行监控系统、实时分析引擎等基础软硬件及物理平台搭建。

（4）数字化城市基础设施虚拟模型：按照标准构建城市地理信息系统和制定智慧灯杆模型标准，对既有城市道路基础设施，包括视频监控杆、路灯杆、交通枢纽设备、电力通信杆件、文化体育设施等城市公用设施进行数字化，构建智慧灯杆应用平台的基本框架。同步开发相应的城市基础设施管理与智慧服务的应用管理系统，为智慧灯杆基础设施的运维提供信息保障。

（5）智慧灯杆运营信息的导入：按照制定模型标准将城市运营包括照明、交通、公安、环保、通信、电力等各种信息导入系统。同步开发与市民生活息息相关的智慧灯杆搭载服务的应用。开放平台数据接口，协助相关部门在交通车载服务、智慧城市规划、照明、移动通信、防灾救灾等公共服务方面进行功能模块开发与应用。

（6）全面功能开放与市场应用：面向相关政府职能部门、企业进一步开放数据接口，协助开发公共安全、城市照明、用电引电、移动通信、杆件资源协调等城市公共管理与服务的应用，开放面向企业的管理平台服务，培育和形成新的智慧灯杆产业链模式。

Q 5.12　小结　　　　　　　　　　　　　　　十

　　智慧灯杆工程设计是一个综合性的工作，对设计人员的专业知识面要求比较高，本章主要偏重于从工程设计的实用性、经济性及功能的可扩展性等方面介绍智慧灯杆基础设施部分的设计知识，为工程设计、工程管理人员提供参考。

第 **6** 章

5G+智慧灯杆融合部署

业界普遍认为智慧灯杆与5G的建设需求已深度捆绑，全国各地支持5G建设的相关政策都必定会提到智慧灯杆支撑5G建设的要求。因此，5G与智慧灯杆的融合部署是产业发展的必然，但是要从哪些方面着手？如何融合？带着这些疑问，我们从5G网络技术的特点和部署原则入手，一起来探索5G与智慧灯杆的融合之道。

🔍 6.1 5G技术简介 ＋

6.1.1 5G 应用场景及关键指标

1. 5G应用场景

国际电信联盟（ITU）将5G应用划分为三大场景，分别为增强型移动宽带（Enhanced Mobile Broadband，eMBB）、超高可靠低时延通信（Ultra-Reliable and Low-Latency Communications，uRLLC）、海量机器类通信（Massive Machine Type Communications，mMTC）。

eMBB场景是移动互联网的应用场景，主要面向人与人之间极致的通信体验。mMTC场景和uRLLC场景都是物联网的应用场景，其中mMTC场景侧重于人与物之间的信息交互，而uRLLC场景则更侧重于物与物之间的通信需求，如图6-1所示。

（1）eMBB场景主要满足面向未来的移动互联网业务需求，主要包括满足超高清视频、下一代社交网络、浸入式游戏、全息视频等移动互联网业务需求，随时随地（包括小区边缘、高速移动等恶劣环境和局部热点地区）为用户提供无缝的高速数据业务。在eMBB场景中，除了传统通信系统关注的重要性能指标——峰值速率，还需聚焦用户体验速率、移动性和流量密度等性能指标。表6-1所示为eMBB场景主要业务类型的网络指标要求。

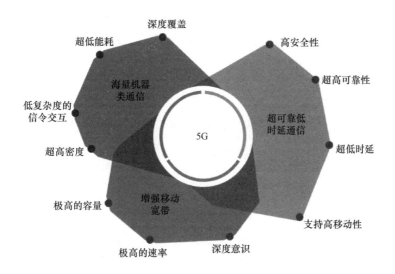

图6-1　三大应用场景的不同性能要求

表 6-1　eMBB 场景主要业务类型的网络指标要求

业务类型	网络指标要求
4K 高清视频业务	单个用户感知速率至少需要 30 ～ 120Mbps
8K 高清视频业务	单个用户下行感知速率至少需要 1Gbps，单小区则要满足 10Gbps 以上更高的吞吐量
VR 业务	典型：40Mbps 的实时速率，<40ms 的时延，如果时延太大会有眩晕； 挑战：100Mbps 的实时速率，<20ms 的时延； 极致：1000Mbps 的实时速率，<2ms 的时延
AR 业务	典型：20Mbps 的实时速率，<100ms 的时延； 挑战：40Mbps 的实时速率，<50ms 的时延； 极致：200Mbps 的实时速率，<5ms 的时延
高清回传	单个用户上行回传速率至少需要 50 ～ 120Mbps，端到端时延控制在 40ms
无人机视频监控	单个用户上行回传速率至少需要 50 ～ 120Mbps，端到端时延控制在 20ms，无人机覆盖范围为 150 ～ 500m，定位精度在 1m

（2）mMTC 场景旨在为海量连接、小数据包、低成本、低功耗的设备提供有效的连接方式，具体可面向智慧城市、环境监测、智能农业、森林防火等以传感和数据采集为目标的业务类型。未来，小到家庭智能硬件、移动出行，大到公共场所智能化改造、农林业监测等，海量的终端设备将被部署，这对 5G 系统的连接数密度带来了考验。其次，

过高的能耗不利于设备的广泛部署，系统能效需成倍提升。再者，mMTC 网络必须是高度异构的，这样才能足够方便管理和动态接入。所以，mMTC 场景重点关注的性能指标是连接数密度、网络能效等。表 6-2 所示为 mMTC 场景主要业务类型的网络指标要求。

表 6-2　mMTC 场景主要业务类型的网络指标要求

业务类型		网络指标要求
网联智能汽车	道路安全	车路协同空口时延最大不超过 5ms，可靠性大于 99.9999%，高精度定位在 0.1m
	地图下载	高清地图上下行速率要求为 25Mbps、1Gbps，端到端时延为 1000ms
智能制造	远程控制	空口时延要求为 1 ～ 10ms，可靠性大于 99.999%
	工业自动化	流程自动化对闭环时延要求不超过 100ms，可靠性大于 99.999%
智慧电力	配电自动化	配电自动化时延为 7 ～ 15ms，可靠率为 99.999%；电力流传输带宽达到 Gbps 以上，满足接入传输网数量庞大的变电站和控制中心的带宽要求
	精准负荷控制	精确负荷控制时延为毫秒级，终端并发数量将达到 10 万级
无线医疗	远程视频医疗	远程视频医疗要求速率为 50 ～ 120 Mbps
	远程控制	空口时延不超过 1ms，可靠性接近 100%；定位精度为 100 ～ 200cm

（3）uRLLC 场景，顾名思义，对高可靠性和低时延都有着严格的要求，主要面向车联网、工业控制、远程医疗等垂直行业的特殊应用需求，为用户提供毫秒级的端到端时延和接近 100% 的业务可靠性保证。因此，uRLLC 场景最为关注空口时延和移动性。表 6-3 所示为 uRLLC 场景主要业务类型的网络指标要求。

表 6-3　uRLLC 场景主要业务类型的网络指标要求

业务类型	网络指标要求
监控类（安防、监控等）	业务用户感知的下行速率低于 1Mbps，端到端时延需要控制在 100ms 以内，移动性满足 0 ～ 120km/h，连接密度不低于 100 万 /km²
采集类（市政、环境等）	业务用户感知的下行速率在 200kbps 以内，端到端时延需要控制在 10s 以内，连接密度不低于 100 万 /km²

2. 5G 系统性能指标

5G 对三大场景适应性的要求，提升了对网络的要求，相对于 LTE（Long Term

Evolution, 长期演进), 5G NR在KPI上有了革命性的提升, 如表6-4所示。

表 6-4　5G NR 和 LTE 在 KPI 上的对比

场景	KPI	5G NR		LTE-Advanced	
		DL	UL	DL	UL
eMBB	峰值速率	20Gbps	10Gbps	1Gbps	500Mbps
	峰值频谱效率	30bps/Hz	15bps/Hz	30bps/Hz	15bps/Hz
	控制面时延	10ms		小于 50ms	
	用户面时延	4ms		小于 10ms	
	Cell/TRxP 频谱效率（bps/Hz/TRxP）	LTE-Advanced 的 3 倍以上		—	
	每单位区域的数据总流量（bps/m²）	LTE-Advanced 的 3 倍以上		—	
	用户体验数据速率（bps）	LTE-Advanced 的 3 倍以上		—	
	CDF 在 5% 点的频谱效率（bps/Hz/user）	LTE-Advanced 的 3 倍以上		小区边缘用户吞吐量（bps/Hz/user）	
				0.12（2x2ANT）	0.04（1x2ANT）
	移动性速率（包括 uRLLC、mMTC）	500km/h		350km/h	
	移动性中断时间（包括 uRLLC、mMTC）	0ms		—	
mMTC	覆盖范围	最大耦合损耗 164dB		最大耦合损耗 164dB（NB1）	
	电池寿命	超过 10 年		最长 10 年	
	连接密度	100 万设备 /km²		60 680 设备 /km²	
uRLLC	用户面时延	0.5ms		—	
	可靠性	误码率低于 1×10^{-5}（32B 数据包，1ms 用户面时延）		—	

6.1.2　5G 网络架构的演进

1. 核心网架构

5G核心网需要支持低时延、大容量和高速率的各种业务，能够更高效地实现对差异化业务需求的按需编排功能。

5G核心网的控制面和用户面如图6-2所示。

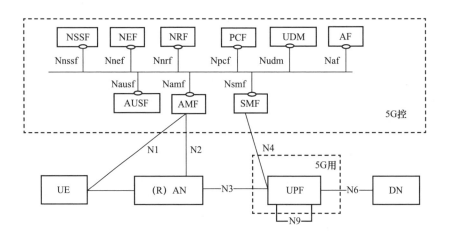

图6-2　5G核心网的控制面和用户面

2. 无线网架构

5G RAN（Radio Access Network，无线接入网）架构相对于4G发生了很大的变化，针对5G高频段、大带宽、多天线、海量连接和低时延等需求，5G通过引入集中单元和分布单元（Centralized Unit/ Distribute Unit，CU/DU）的功能重构及下一代前传网络接口NGFI前传架构来实现RAN架构的优化。5G的BBU功能将被重构为CU和DU两个功能实体，CU与DU通过处理内容的实时性进行功能的区分，5G RAN将由4G BBU、RRU两级结构演进到CU、DU和RRU/AAU（Active Antenna Unit，有源天线处理单元）三级架构。图6-3所示为与4G对比的5G RAN三级架构图。

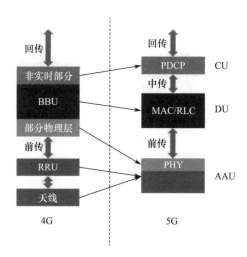

图6-3 5G RAN 三级架构

CU是原BBU的非实时部分分割出来的部分，主要处理非实时的无线高层协议栈，同时也支持部分核心网功能下沉和边缘应用业务的部署。

DU负责处理物理层协议和实时性需求，考虑节省AAU与DU之间的传输资源，部分物理层功能可上移至RRU。

AAU是天线与射频单元融合构成的有源天线处理单元。Massive MIMO作为5G系统关键技术之一，Massive MIMO天线相对于传统基站天线最显著的特征就是通道数量增多，通常为16T16R、32T32R、64T64R及以上，这导致其天线端口多、接线困难，再加上高频信号的馈损大，因此，Massive MIMO天线通常与RRU合设形成AAU。与传统的RRU和天线分离方案相比，AAU方案提高了天馈系统集成度、减少了馈线损耗、降低了站点负荷。对于容量需求较低、通道数量较少的情况，也可采用天线与RRU分离的方案。

图6-4所示为4G与5G无线设备形态对比。

在实时性要求比较高的业务场景中，如低时延等场景（如自动驾驶），核心网的部分功能需要"下沉"到基站侧。下沉不仅可以保证"低时延"，更能节约成本，可满足5G的撒手锏级应用。图6-5所示为部分NGC（NextGen Core，下一代核心网）功能下沉后的网络架构。

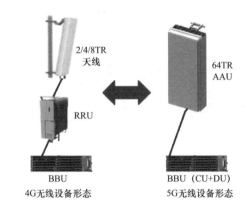

图6-4　4G与5G无线设备形态对比

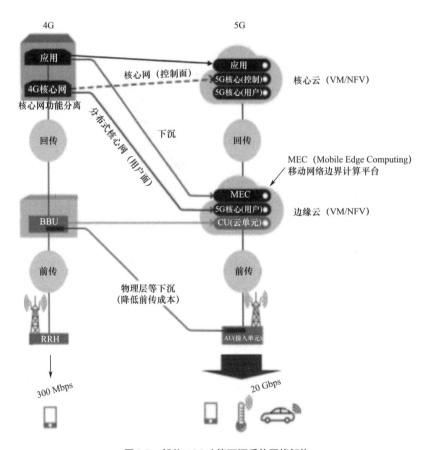

图6-5　部分NGC功能下沉后的网络架构

3. 承载网架构

5G无线接入网演进为CU、DU、AAU三级结构，与之对应，5G承载网络也由4G时代的回传、前传演进为回传、中传和前传三级新型网络架构。

前传网络实现5G C-RAN部署场景接口信号的透明传送，与4G相比，接口速率（容量）和接口类型都发生了明显变化，前传接口由10Gbps CPRI升级到更高速率的25Gbps eCPRI或自定义CPRI接口等。实际部署时，前传网络可根据基站数量、位置和传输距离等，灵活采用链形、树形或环网等结构。

中传网络是面向5G新引入的承载网络层次，在承载网络实际部署时，城域接入层可能同时承载中传和前传业务。随着CU和DU归属关系由相对固定向云化部署的方向发展，中传也需要支持面向云化应用的灵活承载。

5G回传网络实现CU和核心网、CU和CU之间等相关流量的承载，考虑到移动核心网将由4G的分组核心网（EPC）发展为5G新核心网和移动边缘计算（MEC）等，同时核心网将云化部署在省干和城域核心的大型数据中心，MEC将部署在城域汇聚或更低位置的边缘数据中心。因此，城域核心网络将演进为面向5G回传和数据中心互联统一承载的网络。另外，承载网络可根据业务实际需求提供相应的保护、恢复等生存性机制，包括光层、L1、L2和L3等，以支撑5G业务的高可靠性要求。

5G承载网各个建设阶段的整体架构如图6-6所示。

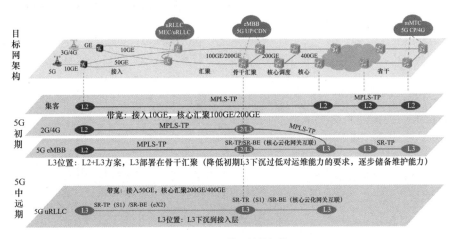

图6-6　5G承载网整体架构

6.1.3　5G 基站产品形态

5G时代，考虑业务多样性，对网络的灵活部署提出了更高的需求，5G RAN 架构从4G的BBU、RRU两级结构将演进到CU、DU和AAU三级结构。天线侧采用Massive MIMO 技术，射频模块与天线结合，一体化集成。

图6-7所示为5G基站与4G基站的对比。

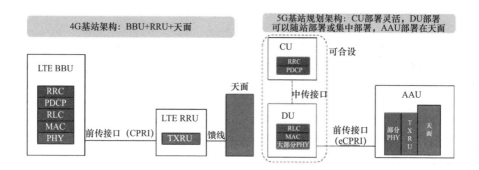

图6-7　5G 基站与4G 基站的对比

CU（Centralized Unit，集中单元）是原BBU的非实时部分分割出来的部分，主要处理低实时的无线协议栈功能，同时也支持部分核心网功能下沉和边缘应用业务的部署。

DU（Distribute Unit，分布式单元）主要处理包括物理层功能和高实时的无线协议栈功能，满足uRLLC业务需求，与CU一起形成完整协议栈。

有源天线、原RRU及BBU的部分物理层处理功能合并为AAU。

5G部署初期，运营商在5G设备形态可能优先选择CU/DU合设方式（简称为5G BBU设备）。未来随着5G垂直行业等新业务需求，可基于MEC边缘云，采用CU-DU分离方式。

图6-8所示为5G基站CU和DU的部署方式示意图。

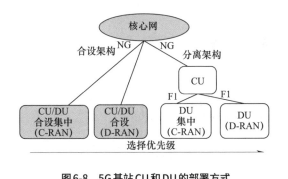

图6-8　5G基站CU和DU的部署方式

○ 6.2　5G基站建设发展动态　　　　　　　 ＋

6.2.1　5G基站建设面临的挑战

1. 对核心网的挑战

随着多年网络建设，运营商的移动通信网络是一个复杂的融合体，例如，中国移动现网中GSM、TD-SCDMA、TD-LTE三种体制并存，GSM虽然是2G技术，但由于可以解决一部分网络覆盖的问题，现网依然无法完全退网；中国电信现网中依然保留CDMA网络，用于解决Volte技术暂不成熟的话音承载。在即将到来的5G时代，如何满足多样化业务需求，如何实现网络功能模块化、业务快速上线部署，如何与现网互通共存，如何运营管理，是当前运营商部署5G核心网面临的主要问题。

1）网络架构需适应多样化业务需求

5G垂直业务千变万化，将会有更加多样化的业务需求，例如，eMBB业务的峰值速率要求在10Gbps以上，mMTC业务要求百万的连接密度，uMTC业务要求时延为毫秒级别，eV2X对用户的移动性提出了500km/h的高速要求。这种多样化的业务需求已经无法用传统的一个架构适应所有需求的设计理念来实现，需要网络架构能够针对不同的业务需求进行灵活的适配。

2）网络核心层需全面云化

目前移动通信核心网较为复杂，特别是引入Volte后，核心层各类网元众多，功能单一固化，设备软硬件耦合度高，无法满足新一代网络架构虚拟化、池组化的特点，而复杂固化的网络架构直接导致了复杂的业务上线流程，无疑也加剧业务部署的难度，拖延业务应用实施的时间，延长运营商的业务创新周期。

5G网络基于服务化架构设计，通过网络功能模块化、控制和转发分离等使能技术，可以实现网络按照不同业务需求快速部署、动态扩缩容和网络切片的全生命周期管理，包括端到端网络切片的灵活构建、业务路由的灵活调度、网络资源的灵活分配及跨域、跨平台、跨厂家，乃至跨运营商（漫游）的端到端业务提供等，这些需要通过全面云化的网络架构来实现，5G时代核心网迥异于传统网络，新的情况带来了网络建设、运营、管理等一系列挑战。

3）5G网络需与现网互通共存

综合历代网络建设经验，5G网络不会是一蹴而就的，必定是在现网基础上逐步演进发展，逐渐过渡转型的过程，在网络演进过程中，需要统筹规划，制定措施保证业务的持续，保障用户的体验，同时需要充分考虑网络现有的运维管理能力，实现5G网络与现有网络的融合互通和逐步演进。

4）5G网络运营管理

5G核心网络是构建在NFV和SDN技术之上的满足万物互联、超低时延、超高速率、灵活可靠等特性的网络，同时综合利用了云计算、物联网、大数据等技术，新的技术与业务流程对网络运营管理提出了新的要求。如何最大范围适配现有的网络运营管理体系，部署敏捷的网络编排和管理系统，是5G网络需要面对的挑战。

2. 对无线网的挑战

在工程建设中，5G网络在规划部署和维护优化等方面都面临着诸多新挑战，最值得关注的主要有以下几方面。

1）频谱高

未来5G网络的用户数量将大幅增加，传输的信息资源也越来越多，对网络流量的需求急剧增大，现有的频率资源将不能满足用户的需求。5G网络要为用户提供更快的带宽服务，必然对频率方面的要求更高。

根据5G网络的规划，要实现5G网络的功能，除提高频谱利用率外，还需增加频谱带宽。在频谱利用率不变的情况下，可用带宽翻倍实现数据传输速率的翻倍。

在目前的3G和4G移动通信网络系统中，使用的频段范围基本上是在3GHz以下。高频段具有更大的带宽，可满足高速率、大流量的需求，但同时也给工程规划建设带来了新的挑战。

一方面，高频段网络，意味着较小的覆盖范围，这对站址和工参规划的精度提出了更高的要求，采用高精度的3D场景建模和高精度的射线追踪模型是提高规划准确性的技术方向，然而，这些技术也会影响规划仿真效率，同时增加工程成本。

另一方面，高频信号在移动条件下，受环境因素的影响更大，如何减小外界环境因素的影响也是5G规划的一大难点。与低频无线信号传播特性相比，高频对无线传播路径上的建筑物材质、植被、雨衰/氧衰等更为敏感，并且也容易受障碍物、反射物、散射物及大气吸收等环境因素的影响。较大的穿透损耗将明显降低覆盖的有效性。

2）站址密

5G网络建设需要通过增加站址数量，提高站址密度，从而提供较好的网络覆盖和用户体验。

首先，由于5G网络本身高频谱的覆盖特性，5G基站的覆盖半径更小，需要更密集的站址以实现较好的网络覆盖。5G网络对站址数量的需求远远超过了2G、3G网络，甚至也大大超过了4G网络的需求。

其次，未来移动网络数据流量需求急剧增大，按照香农定理，除了增加系统带宽和利用先进的无线传输技术提高频谱利用率外，通过加密小区部署，提升空间复用度也是提升系统容量的有效方法。然而，传统的小区分裂方式随着小区覆盖范围的进一步缩小将很难继续进行，需要在室内外热点区域密集部署低功率小基站，形成超密集组网（Ultra Dense Network，UDN），如图6-9所示。

3）建网难

相较于4G网络，5G建网难度更大，主要体现在以下几方面。

（1）站址获取难度大。从4G网络建设经验来看，一方面，由于市民对无线信号辐射的误解，在市区和密集市区等场景的基站寻址已经越来越困难；另一方面，适合基站建设的站址在2G、3G和4G网络建设过程中已消耗殆尽，新的站址诉求通常需要在现有站址或者之前的黑点难点区域，而5G站址数量将是4G的2～3倍，建设难度大。

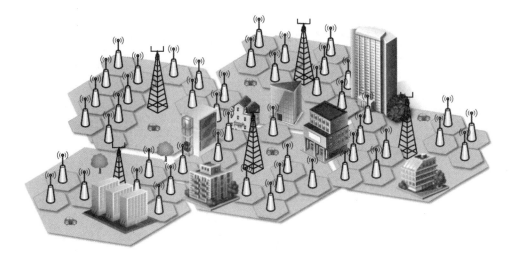

图6-9　超密集组网

（2）资源改造难度大。

① 天面资源问题。5G设备形态是天线+RRU合二为一的AAU，内含192或128天线阵子，组成二维平面阵列有源天线。由于5G的AAU中RRU与天线不可拆分，且不兼容1.8G/2.1G/2.6G等其他频段，所以，只能与现网 2G、3G和4G的无源天线相互独立部署，因此，一个三扇区的 5G 宏基站需要增加三副体积庞大的 AAU，争夺原本 2G、3G、4G就已拥挤的天面空间，尤其是联通、电信、移动三家运营商共址的天面，存在因天面空间不足而导致站点不可用的情况，大大增加了 5G 选址和建设难度。

如考虑进行天面改造，通过采用多端口天线整合2G、3G和4G天线，腾挪出更多的天面空间，除因天线改造带来额外的成本外，还存在另外的风险，可能由于2G、3G和4G多制式网络紧耦合，天线方向角不能独立调整，在2G、3G和4G网络拓扑差异较大的情况下，难以协调各网的覆盖，造成多网覆盖的质量下降。

② 天线抱杆问题。与传统的天线先比，5G的AAU虽然最大迎风面积相当，但在重

量方面却有50%以上的增长，天线抱杆要求明显高于4G时期。另外，由于AAU为有源、高功耗设备，所需的电源线和地线的重量也会给天线抱杆带来额外的压力。规划中需考虑抱杆的承重问题，如抱杆无法利旧，可能需要新增或者改造。

③ 机房空间和电源问题。5G宏基站通常需要与现网的2G、3G和4G共机房部署，新增DU、电源、传输等，现有机房的综合柜剩余安装空间可能不足。可能需要整合现有2G、3G和4G的BBU设备或者新增综合柜，或者考虑5G的DU挂墙安装，或者新增室外机柜安装等，这些因素给5G建设工程带来很大的挑战。另外，机房供电也是一个问题。5G的AAU满负荷功耗超过1kW，在多网共址的情况下，总功耗超过10kW，如3家运营商多制式共站，机房供电需求甚至可能高达30kW，现有机房的供电能力几乎无法满足，需要进行扩容。而机房供电改造又会面临改造成本高、周期长等新难点。

④ 传输资源问题。5G空口能提供很高的峰值速率，这也意味着5G网络需要大量光纤传输资源。对于5G基站而言，中传或回传带宽要求高，对站点的光纤资源消耗也非常大。

现网传输条件可能无法满足5G的传输带宽需求，需要进行传输改造。部分站点可能需要新增传输设备、扩容传输设备、替换传输设备或者扩容光纤资源。而扩容光纤资源由于涉及管道改造，实施难度较大。

（3）传统方式无法适应室内覆盖。

① 楼宇覆盖。在3G和4G时代，室内深度覆盖的主要方式是部署室内分布系统，对于小楼体则采用定向天线室外覆盖的方式，而对于少数人流密集、容量需求高的场景，如机场候机厅、高铁候车厅、大型商超等，引入了小微基站、数字化室分系统。到了5G时代，室内分布系统的大部分馈线、功分器、合路器、功放器等射频器件，不能适用于5G高频谱信号接入。定向天线室外覆盖的方式由于高频谱信号的建筑物穿透损耗更高而降低覆盖的有效性。与1.8GHz频段的4G网络信号相比，3.5GHz频段的5G网络信号平均穿损增大6dB以上，明细降低了室内覆盖深度。目前比较可行的5G室内覆盖方案是分布式数字化室分。相比传统室分等方式，数字化室分所能提供的容量会有大幅提升，但相应的建设成本支出也大幅增加。

② 地铁、高铁隧道覆盖。高频段及安装空间限制，使地铁、高铁隧道 5G 覆盖难以解决。高频段使得传统的 2G、3G和4G 网络通常采用的 BBU+RRU+漏缆覆盖方式覆盖效果明显降低，而受安装条件限制，数字化室分的方式也不适合地铁、高铁隧道布设，从而使得5G 信号引入地铁、高铁隧道覆盖难度增大。较为可行的方案是对于较短隧道，通过计算损耗，若能满足，可利旧原有漏缆使用RRU+漏缆的方式；若不满足 3.5GHz 的5G信号引入需求，则考虑新建或替换更粗线径、支持 3.5GHz 信号传播的新型漏缆；若新型漏缆仍不能满足，则建议采用波导管替代泄漏电缆，这将使得建设成本很高。

（4）网络演进和多天线技术等增加建网难度。

① 网络演进带来的难度。5G 部署初期基于 eMBB 场景需求进行网络部署，满足公众宽度数据业务需求。后期 mMTC 场景和 URLLC 场景将主要面向垂直行业、工业控制、城市基础设施等领域，网络部署区域、业务感知需求都差异甚大，可能需要进行大的网络调整或新的载波。

② 多天线技术带来的难度。5G 网络建设采用 Massive MIMO 与波束赋形等多天线技术，网络规划不仅需要考虑小区和频率等常规规划，还需增加波束规划以适应不同场景的覆盖需求，这使得干扰控制复杂度呈几何级数增大，给网络规划和运维优化带来极大的挑战。

4）投资大

由于频谱覆盖特性，5G基站覆盖的半径更小，基站建设密度更高，预计5G需要建设的基站数量为4G的2～3倍。

另外，上述天面、机房、传输和电源等资源的改造，也将大大增加建设投入成本。

无论采用非独立组网还是独立组网的部署方式，投资成本都相对较大。采用非独立组网，在LTE现网中应用成熟的5G技术，再实现缓慢的演进，即在原有LTE设备上升级5G，虽然初期投资少，但是可能部分新业务无法满足，后续需要进行多次升级，全周期下投资更大。而独立组网直接为5G独立新建包括核心网在内的一张完整的新网络，演进过程简单，能满足新业务需求，但是首次投资巨大。

据统计，4G网络建设累计投资超过8000亿元，部分区域对4G网络的需求并不强烈，缺乏应用场景，导致4G的投入尚未收回，而5G全覆盖投资规模为4G的4～6倍。

5）周期长

5G网络建设必然是一个漫长的过程。

从大的方面来看，首先，5G应用场景的开发需要多方参与、逐步落地；其次，5G应用场景需要大量创新技术，运营商也需要通过试验性网络来支持验证新场景的可行性；最后，我国国土面积大、人口分布不均衡，这都导致5G网络实现全国覆盖需要较长时间。

从小的方面来看，上文提及的5G网络建设站址密度大、资源改造需求大、建设难度大等各种部署特点，也会影响5G网络建设进度，造成5G网络建设周期长。

6）场景多

上文已述，5G网络应用主要有eMBB、uRLLC和mMTC三大场景，包括VR/AR、车联网、智能制造、远程医疗、安防监控等大量新型业务，不同的场景、不同的业务对网络性能指标有不同且互斥的需求。

面对多样化场景的极端差异化性能需求，已经不能采用传统的网络规划设计方案。运营商需要对存在明确通信需求的5G应用场景，采用灵活且精细的组网方式，根据不同的场景需求，采用多系统、多分层、多小区、多载波方式进行组网，满足不同的业务类型需求。

传统的核心网被设计为"竖井式"的单一网络体系架构，该架构中的一组垂直集成的网元节点提供了网络所有功能，并支持后向兼容性和互操作性。这种一刀切的设计方法使得网络部署成本保持在合理化区间，但是并不支持网络的灵活和动态拓展。

5G网络将面对人与人、人与物、物与物之间丰富多样的差异化通信业务需求。这些需求对于网络的要求也是千差万别的，例如，连接带宽从物联网抄表类场景的50kbps到云服务的1Gbps，时延从广播类业务的10ms到自动驾驶的小于1ms，移动性从静止到高速列车场景的500km/h，等等。如果针对每种典型业务都专门建立特定的网络来满足其独特需求，那么网络成本之高将严重制约业务的拓展。同时，如果不同业务都承载在相同基础设施和网元上，网络可能无法满足多种业务的不同QoS保障需求。

基于以上特点，5G网络建设需要引入多元化的网络技术，网络切片（Network Slicing，NS）技术就是一种针对所有场景的最有特色的解决方案。网络切片技术通过虚拟化将一个物理网络分成多个虚拟的逻辑网络，每一个虚拟网络对应不同的应用场景，满足不同应用场景的不同功能特性，提供了高能效、易部署的网络解决方案，如图6-10所示。

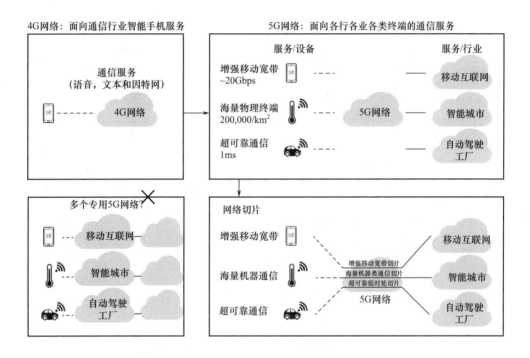

图6-10　网络切片实现5G不同场景业务应用需求

3. 对承载网的挑战

5G无线网、核心网的演进，对承载网产生了以下影响。

1）流量模型的挑战

5G无线网、核心网朝着云化和数据中心化的方向演进。CU可以部署在核心层或骨干汇聚层，用户面为了满足低时延等业务的体验则会逐步云化下移并实现灵活部署。为了实现4G/5G/WiFi等多种无线接入的协同，基站的控制面也会云化集中，基站之间的协同流量也会逐渐增多。同时，边缘计算使得运营商和第三方服务能够靠近终端用户接入点，实现超低时延服务，为了满足这些时间敏感服务的低延迟要求，部分5G核心网的功能被放入移动边缘计算（MEC）中。由于MEC承担了5G核心网的部分功能，因此，MEC与5G核心网之间的连接将是一个网状网连接。

图6-11所示为5G承载网络架构的变化。

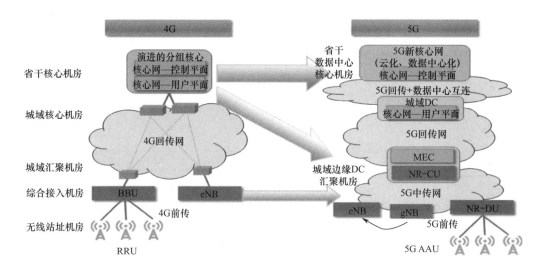

图6-11　5G承载网络架构的变化

总的来看，相比4G时代以南北向流量为主的流量模型，5G时代无线和核心网的云化给承载网带来任意流向的复杂连接，包含基站到基站之间、基站到不同层的核心网之间及不同层核心网之间的流量备份和负载分担等，要求承载网能够提供灵活的3层连接、满足流量就近转发、节省传输资源及保障最佳体验的要求。

2）RAN分级架构对承载的挑战

由于CU、DU功能的分离，5G RAN的CU和DU存在多种部署方式。当CU、DU合设时，5G RAN与4G RAN结构类似，相应承载也是前传和回传两级结构，当CU、DU分设时，相应承载将演进为前传、中传、回传三级结构。

随着5G规模商用，将呈现宏基站和室分基站分场景部署的局面，具体部署方式分为分布式无线接入网（D-RAN）和集中式无线接入网（C-RAN），5G接入网云化将推动CU、DU和AAU分离的大规模C-RAN部署。

图6-12所示为5G RAN分级架构。

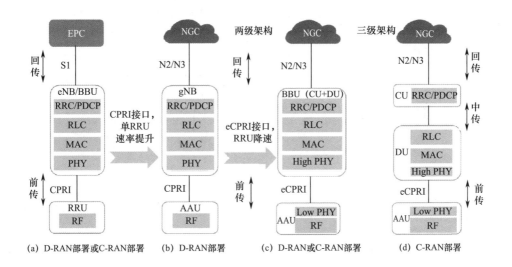

图6-12　5G RAN 分级架构

4. 对光缆网的挑战

各运营商经过多年的建设和优化，已形成较为稳定的城域光缆网，5G的高速率、低时延等对光纤容量及连接密度提出了更高的要求，对网络拓扑优化提出了挑战，光纤基础设施架构、功能、拓扑和光纤类型都将发生变化。

在5G承载网中，当采用C-RAN模式时，CU一般设置在汇聚机房，DU设置在综合接入机房或基站，下连汇聚机房覆盖区域内的AAU。当采用D-RAN模式时，CU/DU设置在综合接入机房或基站，下连综合接入机房或基站小区域范围内的AAU。

前传部分，AAU通过接入光缆连接到光交箱，再通过接入主干光缆连接综合接入机房或基站，实现与DU的连接。

而对于DU至CU、CU至5G核心网的中传、回传网络，可以使用汇聚光缆、中继光缆实现DU、CU、5G核心网的互联，搭建承载网络。

光缆网与5G承载网的架构对应关系如图6-13所示。

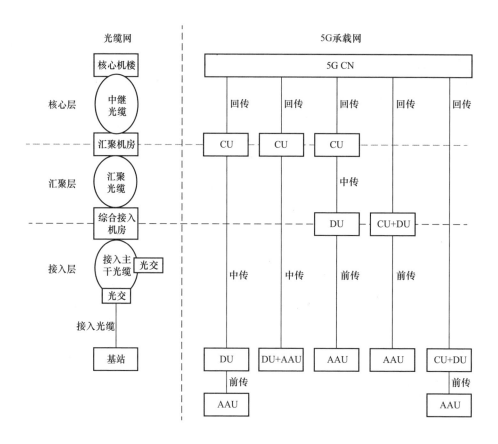

图6-13　光缆网与5G承载网的架构对应关系

从图6-13中可以看出，现有的光缆网架构与5G承载网的结构相符，可以满足5G承载网的组网需求，光缆网的架构不需要调整。

光缆网的架构虽然可以满足5G承载网的组网需求，但由于5G承载网的高速率、低时延等对光缆网提出了更高的要求，因此，需要对光缆网的资源进行补充。

（1）5G承载网中，最消耗纤芯资源的部分是前传的位置，前传对应的是光缆网的接入层，为了应对5G，运营商已划分了"综合业务接入区"，建设了大芯数的接入主干光缆对末端接入点（集客、家宽、RRU、AAU等）进行汇聚，接入综合业务接入机房或基站。当综合业务接入区内的AAU密度比较高时，接入主干光缆纤面临较大的纤芯压力，可考虑采用WDM技术或新建光缆方式进行纤芯扩容。

（2）对于覆盖范围较大、接入主干光缆比较长的综合业务接入区，当AAU连接到DU的光缆长度超过10km时，为了降低前传的时延，需要建设新的综合业务接入机房、接入主干光缆，对综合业务接入区进行拆分。

（3）接入主干光缆的建设受到了管道资源的限制，如何合理使用管道资源也是光缆网建设需要考虑的问题。在光缆网的建设中，可以使用高抗弯光纤、小型化和高密度光缆，而多模光纤配合多模光模块可有效降低成本及功耗，更长传输距离的新一代多模光纤正在研发，同时可能出现适用于前传的单模和多模通用光纤及多模和单模光纤共缆的新需求。

6.2.2　5G 基站建设环境

1. 政策环境——支持5G建设的政策频频出台

从 2017 年政府工作报告首次提到"5G"，再到 2019 年 5G 应用从移动互联网走向工业互联网，进入商用元年，国家政策对 5G 的重视度不断上升。2020 年是 5G 发展的关键年份，中央政治局会议、国务院常务会议、中央政治局常务会等会议和相关文件多次强调"加快 5G 商用步伐"，充分体现了 5G 基建对于拉动新基建和经济增长的重要性和紧迫性。

为加快第五代移动通信建设，2020 年 12 月 22 日，工业和信息化部组织中国电信、中国移动、中国联通召开 5G 频率使用座谈会，并向 3 家基础电信运营企业颁发 5G 中低频段频率使用许可证。此次工业和信息化部已申请向3家基础电信运营企业颁发了为期10年的5G频率使用许可，同时许可部分现有4G频率资源重耕后用于5G，此举是推动5G网络规模部署和高质量发展的重要举措。

根据国家对5G产业发展总体部署要求，工业和信息化部加强频率统筹规划，优化资源配置，重点抓好5G频率资源保障工作，加快推进共建共享，要求各基础电信运营企业要进一步推进5G建设，打造高质量5G网络，提高频率资源使用效率和效益，深化5G在各行业中的应用，推动5G改变社会、服务经济、造福人民。

2. 经济环境——国内数字经济快速发展

5G不等于简单的4G+1G。5G将成为社会信息流动的主动脉和产业转型升级的加速器，构建数字社会新基石。5G将进一步突破人和人、人和物、物和物连接的时空限制，实现人、物、资金、信息四流集中汇聚，高效协同，不断创造以智能化为核心的新业态、新模式。以5G为代表的新型信息技术与实体经济深度融合，将全面加速千行百业网络化、智能化、数字化转型，也将有效提升全要素生产力。

3. 社会环境——移动互联网流量持续高速爆发

理论上而言，4G的下载速度为100Mbps，5G的下载速度则可以达到1Gbps。换句话说，下载一部以吉字节（GB）为单位大小的高清电影，只需几秒。4G已经助力设备联网传输，5G的高速率、低时延、大接入、广覆盖，将在更大基础上延续4G的长处，并带来更多优势。

根据中国互联网络信息中心（CNNIC）的统计数据，2019年移动互联网接入流量高达1220.0亿吉字节（GB），同比增长71.57%。移动互联网流量增长迅速，新应用拓展需5G支持。

根据中国信通院统计数据，自2019年8月以来，除2020年2月受到疫情的影响外，其余月份5G手机出货量不断增长。2020年4月，国内市场5G手机出货量为1638.2万部，占同期手机出货量的39.3%；2020年1—4月，国内市场5G手机累计出货量为3044.1万部，占比为33.6%。

庞大的移动电话用户数量为5G提供了转换基础。根据工业和信息化部的数据，截至2020年4月，三大运营商的移动电话用户总数达到15.9亿户，与2019年同期基本持平。其中4G用户占比80%，比重较2020年3月下滑0.2%，4G用户开始加速向5G升级。

6.2.3　5G 基站建设发展现状

相较于过去的1G空白、2G跟随、3G突破和4G同步，中国在5G时代处于引领地位。早在2012年中国便开始了5G研究，2013年工业和信息化部、国家发展和改革委员会等联合成立IMT-2020（5G）推进组，统筹推进5G相关工作；2016年工业和信息化部正式启动5G技术研发试验；2019年6月6日，工业和信息化部向中国移动、中国联通、中国电信和中国广电4家企业发放5G商用牌照，标志着我国成为全球第一批建设5G网络的国家。

截至2020年年底，中国已建成全球最大规模的5G网络，已累计建成5G基站71.8万个，推动共建共享5G基站33万个。超前的网络建设为5G应用的发展提供了坚实的基础，并正对经济社会产生巨大的影响。

6.2.4　5G 基站建设发展趋势

2021—2023年将是5G网络的主要投资期，综合5G频谱及相应覆盖增强方案，测算得到未来10年国内5G宏基站数量为4G基站的1～1.2倍，合计500万～600万个，根据4G网络建设规模进行推算，预计2021—2023年，三大运营商逐年建设量约为80万个、110万个、85万个。

宏基站站址建设难度较大且市场较为饱和，同时5G频率更高理论上覆盖空洞更多，因此，宏基站无法完全满足eMBB场景的需求，需要大量微基站对局部热点高容量的地区进行补盲，根据中信证券预测微基站数量可达千万级别。

5G 作为七大新基建之首，将拉动产业链上下游高速持久的增长，带动我国实体经济的转型。根据中国信息通信研究院发布的数据，预计 2025 年、2030 年 5G 产业将分别增长至 3.3 万亿元和 6.3 万亿元，年均复合增长率达到 29%；在间接产出方面，2020 年、2025 年、2030 年 5G 将分别带动 1.2 万亿元、6.3 万亿元和 10.6 万亿元的间接经济产出，年均复合增长率达到 24%。

在拉动就业方面，2020 年直接为社会创造约 54 万个就业机会，主要来自 5G 相关设备制造创造的就业机会；2025 年，5G 将提供约 350 万个就业机会，主要来自 5G 相关设备制造和电信运营环节创造的就业机会；2030 年，5G 将带动超过 800 万人就业，主要来自电信运营和互联网服务企业创造的就业机会。

🔍 6.3 5G无线网建设指南 ＋

6.3.1 5G网络的部署原则

在5G建网初期，应充分发挥5G技术优势，合理利用4G已有投资，在保证业务能力和用户体验的基础上实现网络投资回报与价值最大化。5G网络规划应遵循以下原则。

1. 无线网

（1）面向5G三大应用场景，规划期初以满足eMBB业务为主要部署目标，逐步探索垂直行业业务，规划末期实现垂直行业规模发展。

（2）4G/5G协同发展原则。

（3）以终为始原则：5G网络规划应依据4G话务分布、网络性能指标和5G网络规划指标要求进行目标网规划，优先考虑4G高话务热点区域，分阶段分步骤实施。

（4）规划初期，5G无线网优先采用宏蜂窝解决覆盖需求，在核心商区高价值区域逐步开展室分建设，按需以微基站开展补盲补热建设。积极探索垂直行业应用，逐步推进高铁、地铁场景5G覆盖。

（5）BBU集中部署原则：5G BBU原则上采用分片适度集中的方式，统筹考虑光缆、机房等基础配套资源情况，统一规划、分步实施。

（6）快速建网原则：为了快速形成有效规模商用，优先考虑使用现网基站站址、铁塔及其他第三方存量站址建设5G基站。

（7）在5G网络发展初期，应以高流量、高密度区域为主要覆盖目标区域，利用现有基站资源，形成区域连片覆盖。随着网络的发展，后续采用宏微结合的方式，实现基本的室外连续覆盖及浅层室内覆盖。

（8）室内采用有源分布系统，选择性地覆盖有业务需求的高流量高密度地标室内场景。

2. 承载网

（1）5G 承载网应遵循固移融合、综合承载的原则，与光纤宽带网络的建设统筹考虑，并在机房、管道、光纤等基础设施及传输设备、承载设备等方面尽量实现资源共享。

（2）承载网保持总体网络结构不变，优先通过设备升级替换手段扩大网络容量；接入层分场景选择建设模型，初期以 10GE 环为主，中后期根据流量情况升级为 50GE/100GE 环。

（3）承载网设备选型能适应业务发展需要，汇聚层及以上设备具备 100GE 链路开通能力，接入层 A 设备具备从 10GE 到 50GE/100GE 平滑升级能力，尽量避免同址多套设备堆砌现象。

（4）强调网络安全性，承载网尽量采用环形组网方式。

（5）分层次统筹规划：汇聚层以上全省统一部署，地市汇聚层及以下根据指导意见具体规划。

（6）IP 网以链路流量需求为规划导向，全省统筹规划。

（7）IP 设备选型满足高速率、低时延、高可靠、高精度同步等性能需求；为适应业务发展需要，大地市选用 1TB 存储容量的平台设备，中小地市选用 400GB 存储容量的平台设备，避免设备频繁升级替换。

3. 光缆网

（1）按综合业务接入区的建设原则，以满足基站前传、中传、回传及传输组网需求为基础，结合 FTTH 及政企专线接入需求，统一规划建设接入光缆网。

（2）在现有配线光交覆盖范围的基础上，结合新增基站及固网用户分布，考虑覆盖范围的合理性，确定是否需对覆盖范围进行调整。

（3）根据配线光交覆盖范围内基站、FTTH 及政企用户的数量，预测区域内纤芯需求。

（4）室外基站引入光缆原则上优先接入配线光交，不宜直接接入主干光交或光分箱。

（5）商业楼宇光缆建设应综合 FTTO、政企专线和无线室分需求。室分光缆应从楼内光分箱引出，不应直接接入配线光交。

（6）光缆网络建设应考虑基站业务承载双路由需求。

（7）机房间光缆按需新/扩建。

6.3.2　5G 网络的部署策略

5G 无线网络按目标网进行统一规划，按如下 3 个阶段进行分步部署。

第一阶段：优先考虑对 5G 业务示范区、垂直行业合作培育区、高新技术开发区及高流量密集城区进行覆盖，实现对话务热点区和行业应用区的室外连续覆盖和热点室分覆盖。

第二阶段：持续扩大 5G 覆盖范围，实现对广州的核心城区（密集市区和普通市区）的室外连续覆盖和热点室分覆盖。

第三阶段：按照目标网要求，采用室外宏微结合，实现对广州的室外连续覆盖和室内浅层覆盖，同时根据业务需求进行室内深度覆盖。

6.3.3　5G CU/DU 部署

1. CU/DU 部署方式及优劣势对比

CU/DU 的部署方式有 D-RAN、C-RAN、CU 云化部署 3 种，如图 6-14 所示。

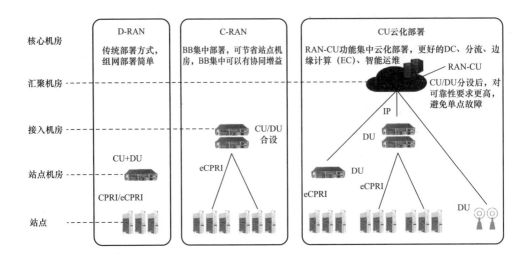

图6-14　5G CU/DU部署方式

在5G无线接入网建网初期主要采用D-RAN、C-RAN两种模式，在技术成熟时逐步向CU云化架构平滑演进，D-RAN、C-RAN部署方式的优劣势对比如表6-5所示。

表 6-5　D-RAN、C-RAN 部署方式的优劣势对比

部署方式	优势	劣势
D-RAN	对光缆资源占用少，纤芯资源容易满足建站需求，对光缆网组网的影响较小； 最大限度满足对时延敏感的业务需求； 无线设备经传输设备汇聚后上联核心网，传输设备之间一般采用光缆环形组网，光缆成环可以提高安全性	对基站机房配套要求高，选址难度大，大大抬升建设投资，后期设备能耗高、运维压力大； 无法充分利用现有的机房和光缆资源，不利于实现固移融合和资源共享； 难以实现基带池资源动态共享和灵活调度，难以提升 CU/DU 设备利用率； 无法满足灵活的无线资源管理需求、空口协调和站点协作需求、功能灵活部署及边缘计算的需求、增强网络自动化管理的需求。 大大增加传输接入点的数量，不利于光缆传输网结构的优化和演进

（续表）

部署方式	优势	劣势
C-RAN	降低基站侧配套要求，减小选址难度，大大节省建设投资，有利于快速建网，降低整体综合能耗和运维压力； 可充分利用现有机房和光缆资源，有利于实现固移融合和资源共享； 形成基带资源池，实现基带资源动态共享和资源调度，提高 CU/DU 设备利用率； 可满足灵活的无线资源管理需求、空口协调和站点协作需求、功能灵活部署及边缘计算的需求、增强网络自动化管理的需求。 直接接入汇聚层或主干层，减少接入点数量，有利于优化传输网络结构	对光缆资源占用多，对光缆网组网的冲击较大，需要大量新建主干、配线光缆及配套管道，将拖慢整体工程进度； 增加网络时延，部分时延敏感的业务需求可能无法满足； AAU 与 DU 之间一般采用星形组网，一旦发生安全事故将发到连接中断，安全性不足； 光缆集中机房对空间、动力配套、稳定性和安全性等的要求比普通基站要求高，发生网络安全事故时，可能造成大面积无线网络瘫痪； 部分机房建设 GPS 同步系统存在较大困难

2. 分场景CU/DU的部署方案

对于CU/DU部署方案选择分离还是合设，需要综合考虑实际业务需求、组网方案及技术实现复杂度等多重因素。

（1）建网初期阶段以eMBB为主、局部满足uRLLC业务需求，CU/DU合设部署有利于保证低时延要求，后期考虑采用CU/DU分离部署，满足mMTC小数据包业务。

（2）国内运营商均倾向于以SA组网为目标，无须考虑通过分离部署来避免NSA组网双链接下路由迂回问题。

（3）由于DU难以实现虚拟化，CU虚拟化目前也存在成本高、代价大的挑战，因此，国内运营商在建网初期均采用CU/DU合设部署，以节省网元，减少规划与运维复杂度，降低部署成本，减少时延（无须中传），缩短建设周期。中远期随着商用程度及业务需求不断成熟按需升级支持uRLLC和mMTC业务场景，适时引入CU/DU分离架构。现阶段网络设计方案需考虑向CU/DU/AAU三层分离的架构平滑演进，要求合设部署的CU/DU设备采用模块化设计，方便未来实现CU/DU分离架构。

对于建网初期的5G RAN组网方式，还需要综合考虑实际业务需求和业务分布、机房和传输条件、网络协作能力要求及网络安全性等因素，按照固移融合、资源共享、统筹规划、分步实施的原则，充分评估各种组网方式的优缺点和可实施性，分场景合理采用D-RAN、C-RAN组网，中远期向CU云化架构演进，如图6-15所示。

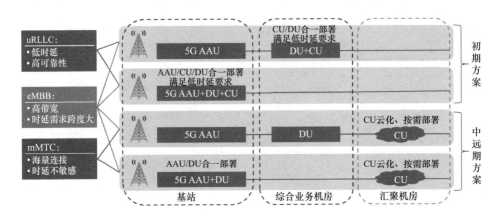

图6-15 不同业务场景需求的CU/DU分阶段部署方案

（1）对于业务集中区域，在具备传输网络结构及资源条件、局址机房条件、保障无线网络可靠性的前提下，5G RAN组网优先采用与4G协同规划的C-RAN集中放置方式，降低基站配套建设要求和选址难度、节省机房租赁成本和能源消耗，实现基站的快速部署，同时可获得网络协作效益的最大化，大幅提升网络的覆盖和容量。采用C-RAN组网时，需根据无线规划、预测的AAU数量及分布，合理规划集中机房的位置和每个集中机房安装的CU/DU目标数量。

① 当采用C-RAN大规模集中模式时，CU/DU应集中部署在综合业务机房，一般位于中继光缆汇聚层与接入光缆主干层的交界处，大集中机房应预留不少于两个标准综合机架安装CU/DU，可放置5～30套CU/DU。

② 采用C-RAN小规模集中模式时，CU/DU集中部署在接入网机房或机房条件较好的节点基站机房，一般位于接入光缆主干层与配线层的交界处，小集中机房一般预留1个标准综合机架安装CU/DU，可放置3～5套CU/DU。

（2）对于业务稀少或较为分散的区域，或需要满足对时延敏感业务时，又或者光缆资源和机房条件紧张（或接入光缆和集中机房建设进度无法满足建网要求）时，如果采用D-RAN

模式,CU/DU可部署在宏基站机房，后期再根据是否符合集中部署组网条件进行C-RAN改造。

在进行CU/DU集中规划建设时，运营商应遵循以下原则。

（1）C-RAN集中机房应结合现网光缆网结构、4G RAN组网方式及集中机房资源条件进行统一的网格化规划，按照资源利用、进度要求、建设成本和网络结构综合考虑的原则，每个网格规划1个CU/DU集中机房，每个机房的CU/DU只下挂其辖区内的AAU，一般不跨区或交叉接入。为提升网络性能，减少网络间干扰，同一个C-RAN集中机房管辖区域内的物理站点要求成片连续覆盖，避免与其他机房管辖区域形成交叉连接。

（2）集中机房管辖网格的边界应结合业务分布、地理环境、重叠覆盖度、潮汐效应业务及光缆跳点数和传输距离（考虑光衰耗）等因素进行合理设置，重叠覆盖度高、切换频繁、具有潮汐效应的区域应归入同一个CU/DU集中机房管辖区域，CU/DU集中机房与AAU站点之间的光纤链路衰耗要满足无线设备的要求。

（3）集中机房管辖网格边界的设置同时还要考虑AAU，选择上联机房时要避免出现光缆路由迂回过长和光缆纤芯反复跳接，减少光缆资源占用，降低光缆建设压力。

（4）为便于实现协同功能，C-RAN区域内原则上不能出现异厂家"插花"。

（5）CU/DU集中机房的空间、动力配套、稳定性和安全性等条件应根据集中度和重要等级、远期业务需求进行设置。

随着RAN的密集部署及CU云化技术的成熟，C-RAN组网方式逐步向CU云化架构平滑演进，实现无线高层协议栈功能的大规模集中，提供高效的资源管理和移动性管理等协作化能力，整体优化无线网络资源的利用率，进一步减少CAPEX（Capital Expenditure，资本性支出）和OPEX（Operating Expense，运营支出）。

6.3.4 5G 覆盖规划

1. 5G路径损耗模型

5G与4G的网络规划方法基本一致，相对于4G，无线信号传播模型的选用是5G规划的主要难点之一。

5G覆盖规划采用3GPP TR 36.873的路损模型（Pathloss Models）（NLOS+O2I 建筑物穿透损耗）如下。

（1）密集城区模型：3GPP UMa。

（2）普通城区模型：3GPP UMa。

（3）郊区乡镇模型：3GPP RMa。

（4）农村模型：3GPP RMa。

3GPP 36.873是3GPP组织推出的针对4G移动通信的传播模型，频率范围是2～6GHz。3GPP 38.901是3GPP推出的针对5G移动通信的传播模型，频率范围是0.5～100GHz。36.873和38.901适用场景包括城区微基站（Urban Microcell，UMi）、城区宏基站（Urban Macrocell，UMa）、农村（Rural Macrocell，RMa）及室内热点（Indoor Hotspot，InH）。每个场景又分为视距（Line-Of-Sight，LOS）和非视距（Non-Line-Of-Sight，NLOS）情况。

3GPP 38.901中的路损模型的UMa模型的基站高度固定是25m，不符合实际基站高度多样化的要求，而3GPP 36.873中的路损模型的UMa模型的基站高度是5～50m的可变范围，更符合实际。

以3.5GHz频段为例，对3GPP 38.901和3GPP 36.873中的路损模型进行比较分析。

（1）城区微基站（UMi）在模型36.873和38.901下计算结果有差异，起始距离10m处，传播模型36.873比38.901路径损耗差值高约4.3dB，并且随着距离增加，这个差值也增加。

（2）城区宏基站（UMa）在模型36.873和38.901下的计算结果一致性很高，曲线基本重合，在2000m以内的路径损耗差值不超过1dB。

（3）在农村（RMa）场景下，36.873和38.901模型公式完全一样，路径损耗计算结果曲线重合。

因此，3GPP 36.873中的路损模型更适合用来作为5G 2.6GHz/3.5GHz/4.9GHz的宏基站预算模型。

3GPP 36.873路径损耗模型中的距离定义如图6-16和图6-17所示。图6-16所示为室外用户的2D和3D距离模型，图6-17所示为室内用户的2D和3D距离模型。

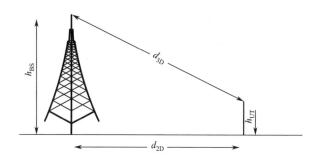

图6-16　室外用户的2D和3D距离关系

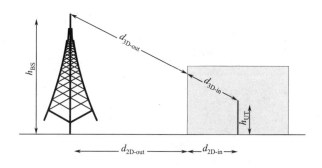

图6-17　室内用户的2D和3D距离关系

其对应公式如下：

$$d_{3\text{D-out}} + d_{3\text{D-in}} = \sqrt{\left(d_{2\text{D-out}} + d_{2\text{D-in}}\right)^2 + \left(h_{\text{BS}} - h_{\text{UT}}\right)^2}$$

其中，$d_{2\text{D}}$是平面距离，$d_{3\text{D}}$是空间距离，$d_{2\text{D-out}}$是平面距离室外部分，$d_{2\text{D-in}}$是平面距离室内部分，$d_{3\text{D-out}}$是空间距离室外部分，$d_{3\text{D-in}}$是空间距离室内部分，h_{BS}是基站天线高度，h_{UT}是用户天线高度。

3GPP TR 36.873的路损模型如表6-6所示。

表6-6 路径损耗模型

模型	场景	路径损耗（dB）	阴影衰落标准差（dB）	适用范围及天线高度默认值
3D-UMa	LOS	$PL = 22.0\log_{10}(d_{3D}) + 28.0 + 20\log_{10}(f_c)$ $PL = 40\log_{10}(d_{3D})+28.0+20\log_{10}(f_c) -9\log_{10}((d'_{BP})^2+(h_{BS}-h_{UT})^2)$ 其中，$d'_{BP} = 4\, h'_{BS}\, h'_{UT}\, f_c/c$	$\sigma_{SF}=4$ $\sigma_{SF}=4$	$10m < d_{2D} < d'_{BP}$, $d'_{BP} < d_{2D} < 5000m$, $h_{BS}=25m$, $1.5m \le h_{UT} \le 22.5m$
	NLOS	$PL = \max(PL_{3D\text{-}UMa\text{-}NLOS},\ PL_{3D\text{-}UMa\text{-}LOS})$ $PL_{3D\text{-}UMa\text{-}NLOS} = 161.04 - 7.1\log_{10}(W) + 7.5\log_{10}(h) - (24.37 - 3.7(h/h_{BS})^2)\log_{10}(h_{BS}) + (43.42 - 3.1\log_{10}(h_{BS}))(\log_{10}(d_{3D}) - 3) + 20\log_{10}(f_c) - (3.2(\log_{10}(17.625))^2 - 4.97) - 0.6(h_{UT} - 1.5)$ 其中$PL_{3D\text{-}UMa\text{-}LOS}$表示3D-UMa LOS 室外场景的损耗	$\sigma_{SF}=6$	$10m < d_{2D} < 5000m$, $h_{BS}=25m$, $1.5m \le h_{UT} \le 22.5m$, $W=20m$, $h=20m$, 适用范围：$5m < h < 50m$, $5m < W < 50m$, $10m < h_{BS} < 150m$, $1.5m \le h_{UT} \le 22.5m$
3D-RMa	LOS	$PL_1 = 20\log_{10}(40\pi d_{3D} f_c /3) + \min(0.03h^{1.72}, 10)\log_{10}(d_{3D}) - \min(0.044h^{1.72}, 14.77) + 0.002\log_{10}(h)d_{3D}$ $PL_2 = PL_1\,(d_{BP}) + 40\log_{10}(d_{3D}/d_{BP})$, $d_{BP} = 2\pi h_{BS} h_{UT} f_c/c$,	$\sigma_{SF}=4$ $\sigma_{SF}=6$	$10\,m < d_{2D} < d_{BP}$, $d_{BP} < d_{2D} < 10\,000m$, $h_{BS}=35m$, $h_{UT}=1.5m$, $W=20m$, $h=5m$, 适用范围：$5m < h < 50m$, $5m < W < 50m$, $10m < h_{BS} < 150m$, $1m < h_{UT} < 10m$
	NLOS	$PL = 161.04 - 7.1\log_{10}(W) + 7.5\log_{10}(h) - (24.37 - 3.7(h/h_{BS})^2)\log_{10}(h_{BS}) + (43.42 - 3.1\log_{10}(h_{BS}))(\log_{10}(d_{3D}) - 3) + 20\log_{10}(f_c) - (3.2(\log_{10}(11.75\,h_{UT}))^2 - 4.97)$	$\sigma_{SF}=8$	$10m < d_{2D} < 5000m$, $h_{BS}=35m$, $h_{UT}=1.5m$, $W=20m$, $h=5m$; 适用范围：$5m < h < 50m$, $5m < W < 50m$, $10m < h_{BS} < 150m$, $1m < h_{UT} < 10m$

注：f_c 为中心频率（单位：GHz），c 为电磁波在自由空间的传播速度 $c = 3.0\times10^8$ m/s，$h'_{BS} = h_{BS} - h_E$，$h'_{UT} = h_{UT} - h_E$，h'_{BS}、h'_{UT} 分别为基站和用户天线有效高度，h_{BS}、h_{UT} 分别为基站和用户天线实际高度，h_E 为有效环境高度。h 为建筑物平均高度，W 为街道宽度，各场景取值见表6-7。

表 6-7　不同区域的 h 和 W 取值

区域类型	街道宽度 W（m）	建筑物平均高度 h（m）
密集市区	10	30
普通市区	20	20
郊区	30	10
农村	50	5

2. 链路预算参数

链路预算参数取定分析如下。

（1）频率（GHz）：以主流的频率来计算，包括 2.6GHz、3.5GHz、4.9GHz 等。

（2）信道环境：考虑建筑物穿透损耗的情况下为 O2I（Outdoor to Indoor），一般对应着 NLOS 路损模型；不考虑建筑物穿透损耗则为 O2O（Outdoor to Outdoor），一般对应着 LOS 路损模型。

（3）业务环境：5G 建网初期一般是为了解决 eMBB 需求，后期会解决 uRLLC 和 mMTC 需求。eMBB、uRLLC 和 mMTC 业务一般和子载波间隔设置大小有关。

（4）系统带宽：默认 5G 低频 100MHz、高频 400MHz。系统带宽和 RB 总数决定了上下行最大峰值数据速率，也和边缘数据速率有关，即边缘数据速率所需要的 RB 数不能大于系统带宽对应的 RB 总数。

（5）边缘数据速率：类似于边缘覆盖率的概念，这里还涉及区域覆盖概率的概念。边缘覆盖概率、区域覆盖概率、阴影衰落标准差、阴影衰落余量之间有一定的关系，其中边缘覆盖概率和阴影衰落标准差可以计算得出阴影衰落余量，与区域覆盖概率是一一对应关系。边缘覆盖概率、阴影衰落标准差、区域覆盖率之间的关系如表 6-8 所示。

表 6-8 边缘覆盖概率、阴影衰落标准差、区域覆盖率之间的关系

边缘覆盖概率 Pr	阴影衰落标准差 γ (σ=8dB)	区域覆盖概率 U(γ) (m=3.52)
50%	0dB	75.5%
55%	1.1dB	79.0%
60%	2.1dB	82.5%
65%	3.1dB	84.7%
70%	4.2dB	87.4%
75%	5.4dB	89.9%
75.1%	5.5dB	90.1%
80%	6.8dB	92.4%
85%	8.3dB	94.5%
85.9%	8.7dB	95.0%
90%	10.3dB	96.6%
91%	10.8dB	97.0%
92%	11.3dB	97.3%
93%	11.9dB	97.7%
94%	12.5dB	98.1%
95%	13.2dB	98.4%
96%	14.1dB	98.8%
97%	15.1dB	99.1%
98%	16.5dB	99.4%
99%	18.7dB	99.7%

（6）子载波间隔：子载波间隔根据不同的业务和场景而定，可设置为15kHz、30kHz、60kHz、120kHz，一般5G低频取30kHz，高频取120kHz。

（7）UE高度：为了简单起见，按用户在地面上的情况，即手机终端高度为1.5m。

（8）UE发射功率：功率等级为2的UE发射功率为26dBm。

（9）UE天线增益：UE天线增益为0。

（10）UE 噪声系数：UE NF 取值为 7dB。

（11）基站高度：考虑到各个覆盖场景下的实际建站情况，基站高度应有合理范围，基站高度低值和高值分别根据以下站高计算。

① 密集城区：25m、30m。

② 一般城区/县城城区：20m、25m。

③ 郊区镇区、农村：25m、35m。

（12）基站发射功率：5G 室外宏基站的发射功率为 200W，即 53dBm。

（13）基站天线增益：按照目前主流推荐用的室外覆盖 64T64R（192 阵列）天线，其增益为 24dBi。

（14）gNB 噪声系数：gNB 的 NF 推荐值为 3.5dB。

（15）穿透损耗：指建筑物穿透损耗。实际情况中建筑物穿透损耗是指一种或多种材料的穿透损耗的混合结果。穿透损耗值的取定有两种方法：实测法和理论计算法，一般来说应该以实测值为准。

不同频段的穿透损耗不同，穿透损耗值一般与频率大小、建筑材质有关。不同材料的建筑物穿透损耗计算公式如表 6-9 所示。

表 6-9　不同材料的建筑物穿透损耗计算公式

材料名称	穿透损耗（dB）
标准多窗格玻璃	$L_{glass}=2+0.2f$
红外反射玻璃	$L_{IIRglass}=23+0.3f$
混凝土	$L_{concrete}=5+4f$
木材	$L_{wood}=4.85+0.12f$

注：f 为频率（GHz）

经计算，密集城区、普通城区、郊区/镇区、农村这 4 种场景在不同 5G 频段下的穿透损耗值如下。

① 2.6GHz：20/17/13/10dB。

② 3.5GHz：25/22/18/14dB。

③ 4.9GHz：28/25/21/17dB。

④ 28GHz：38/34/30/26dB。

（16）人体损耗：在NLOS低频，数据业务取0dB、语音业务取3dB；在NLOS高频，取8dB。

（17）阴影衰落余量："实际路损"相对于"模型平均路损"的波动，叫作阴影衰落（慢衰落），且服从高斯分布，其标准差与实际场景有关。根据边缘覆盖率和阴影衰落标准差可以求出对应的阴影衰落余量，表6-8给出了阴影衰落标准差$\sigma=8$dB时，不同区域通信概率和边缘覆盖率要求下所对应的阴影衰落余量，一般区域通信概率为95%时，对应的边缘通信概率约为85.9%、阴影衰落余量约为8.7dB。

（18）干扰余量：链路预算引入了干扰余量，表示"干扰信号＋背景噪声"相对于"背景噪声"的抬升。对干扰余量取定为：低频——下行7dB、上行3dB；高频——下行2dB、上行1dB。

（19）SINR：SINR值一般由仿真得到，不同的主设备厂家所采用的计算或者仿真结果都不一样。3.5GHz上行取值为−4。

（20）植被损耗：当无线信号穿过植被时，会被植被吸收或散射，从而造成信号衰减。信号穿过的植被越厚，无线信号频率越高，衰减越大。不同类型的植被，造成的衰减不同。

① NLOS场景，信号通过多个路径到达接收端，植被仅遮挡了部分路径的信号，所以，总的能量损失较少。NLOS场景可以不考虑树衰。

② LOS场景，信号主要通过LOS径到达接收端，若LOS径被植被遮挡，则能量损失会相对较大。所以，LOS场景需要考虑植被衰减。

③ 根据厂家的参考经验值，LOS场景下植被损耗取值如下：3.5GHz取12dB，28GHz取17dB。

（21）降雨损耗（雨衰余量）：无线信号经过降雨区，能量会被雨滴吸收或散射，从而导致信号衰减。

① 降雨量越大，衰减越剧烈。

② 传输距离越长，衰减越严重。

③ 无线信号频率越高，衰减越快。

若无线信号为mmWave频段，且目标区域降雨丰富，则需要按照预期的保持率（99% ~99.99%）预留一定的雨衰余量。

完整的链路预算参数取定和计算方法如表6-10所示。

表 6-10　完整的链路预算参数取定和计算方法

参数	符号	取定 / 计算方法
系统带宽		和RB总数对应，默认低频为100MHz、高频为400MHz。如非默认带宽，则需查表得到对应的RB总数
时隙配置（DL：UL）		一般根据各个运营商规定。一般为下上行3：1或者其他比例，和PRB分配数量有关，PRB分配数量≤RB总数×上下行占比×（1-开销） 开销：低频下行0.14、上行0.08 高频下行0.18、上行0.10
边缘速率要求		5G低频一般按上行1Mbps
子载波间隔	a	有15kHz、30kHz、60kHz、120kHz，一般5G低频取30kHz、高频取120kHz
RB总数		和系统带宽对应
PRB分配数量	b	3：1时隙配比下，1Mbps需要48个RB
热噪声密度@20度（dBm/Hz）	c	固定值

（续表）

参数	符号	取定 / 计算方法
每子载波热噪声（dBm）	d	$c+10\lg(a\times1000)$
UE 端		
UE 高度（m）	e	固定值
发射功率（dBm）	f	固定值
UE 天线增益（dBi）	g	固定值
UE 噪声系数（dB）	h	固定值
RE 等效全向辐射功率（EIRP）（dBm）	i	$f-10\lg(b\times12)+g$
基站端		
基站高度（m）	j	根据实际站高，一般情况下取值可自定
发射功率（200W）（dBm）	k	固定值，根据基站发射功率折算成 dBm 值 高频基站可能功率比较小一些
基站天线增益（64TRx）（dBi）	l	单 TRx 天线增益 $+10\lg$(TRx 数 /2)
gNB 噪声系数（dB）	m	固定值
RE 等效全向辐射功率（EIRP）（dBm）	n	$k-10\lg(b\times12)+l$
路径损耗 & 小区半径		
SINR（dB）	o	3.5GHz 上行取值为 -4
最小接收电平（dBm）	p	下行：$=o+d+h$ 上行：$=o+d+m$
穿透损耗（dB）	q	不同频段的穿透损耗也不同，密集城区 / 普通城区 / 郊区 / 农村四种区域场景分别取值： 2.6GHz：20/17/13/10 3.5GHz：25/22/18/14 4.9GHz：28/25/21/17 28GHz：38/34/30/26
植被损耗（dB）	r	NLOS 不考虑植被损耗 NOS 下取值：3.5GHz 取 12，28GHz 取 17
人体损耗（dB）	s	NLOS 低频：数据业务取 0，语音业务取 3 NLOS 高频：8
降雨损耗（dB）	t	低频：0 高频：暂取 4

（续表）

参数	符号	取定 / 计算方法
阴影衰落余量 @95%（dB）	u	区域通信概率为95%、边缘通信概率为85.9%时，阴影衰落余量取 8.7
干扰余量（dB）	v	低频：下行 7、上行 3 高频：下行 2、上行 1
NLOS 路径损耗（dB）	w	下行：$=n+g-p-q-r-s-t-u-v$ 上行：$=i+l-p-q-r-s-t-u-v$

3. 链路预算结果

考虑到基站高度应有合理范围，基站高度低值和高值分别根据以下站高计算。

（1）密集城区：25m、30m。

（2）一般城区/县城城区：20m、25m。

（3）郊区镇区、农村：25m、35m。

计算得到2.6GHz、3.5GHz、4.9GHz频段的各场景宏基站站间距如表6-11所示。

表 6-11　2.6GHz、3.5GHz 和 4.9GHz 频段的各场景宏基站站间距　（单位：m）

	工作频段	密集城区		一般城区 / 县城城区		郊区镇区		农村	
站高		25	30	20	25	25	35	25	35
5G NR 站间距计算值	2.6GHz	318	398	479	597	1078	1357	1672	2081
	3.5GHz	202	251	306	381	689	863	1135	1406
	4.9GHz	141	173	216	268	485	604	800	987
5G NR 站间距范围值	2.6GHz	300 ～ 400		500 ～ 600		1000 ～ 1400		1600 ～ 2100	
	3.5GHz	200 ～ 250		300 ～ 400		600 ～ 900		1000 ～ 1400	
	4.9GHz	150 ～ 200		200 ～ 300		500 ～ 600		800 ～ 1000	

4. 5G覆盖规划流程

5G覆盖规划流程如图6-18所示。

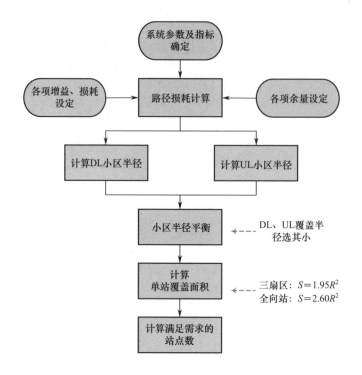

图6-18 5G覆盖规划流程

满足需求的规划站点数＝规划总面积÷单站覆盖面积。

按三叶草模型，三扇区单站覆盖面积＝$1.95R^2$，其中R为单站覆盖半径。

单站覆盖半径R和站间距的关系如下：站间距＝$1.5×$小区半径。

在实际规划中，计算出满足需求的规划站点数后，可在MapInfo软件或者Google Earth软件上结合现网站点情况进行5G基站布点，一般结合站址筛查，优先在已有存量站中新建规划基站，并记录每个规划站点的相关参数，形成规划输出表格等文档资料。

5. 5G覆盖方式的选择

与4G网络相比，一方面由于5G网络具有高频谱的覆盖特性而导致基站覆盖范围更小；另一方面由于引入了Massive MIMO与波束赋形等多天线技术，可通过垂直方向上的波束赋形来解决高层覆盖问题，网络规划不仅需要考虑小区和频率等常规规划，还需增加波束规划以适应不同场景的覆盖需求，这使得5G网络对覆盖的精准性和三维立体组网提出更高的要求。5G网络深度覆盖的总体思路是通过宏微结合、高低搭配、室内外协同来实现三层异构组网，一层是宏基站，主要面向室外及室内浅层覆盖；二层是微基站，聚焦室外补盲补热和室内深度覆盖；三层是室分，保证更深层次的信号覆盖和热点流量吸收，在此基础上合理设置分层网络的分流参数，平衡网络负载和用户感知，以解决热点区域的不同业务需求，如图6-19所示。

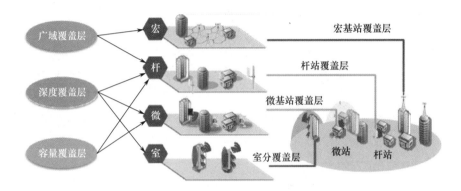

图6-19　三层立体异构组网

Q 6.4 思考：面向5G时代的智慧灯杆发展 ＋

6.4.1 5G+ 智慧灯杆的融合契机

对于未来的5G网络架构，业界已形成共识：5G必然是异构多层网络，超密集组网（UDN）成为5G组网的必然发展趋势。6.2.1节也提到，5G无线网络建设面临频谱高、站址密、建网难的诸多挑战，而智慧灯杆具备"有网、有电、有杆"且广泛分布、位置优越的天然优势，恰恰与5G建设的站址资源需求不谋而合。

（1）智慧灯杆作为分布最广、最密集的市政设施，可以满足5G超密集组网的站址需求。路灯杆间距一般为20～30m，5G微基站站址间距要求为100～200m，按每根灯杆集成一套5G系统，路灯杆的数量可以满足多家电信运营商的建站需求。部分高灯杆也可以解决宏基站的建设需求。

（2）智慧灯杆可以提供统一的传输光缆接入和供电系统，可以解决5G基站建设涉及的管道开挖、线缆布放的难题。

（3）智慧灯杆作为常见的市政设施，外形和谐美观，可以减少因电磁辐射、市容风貌带来的社会问题。

综合上述优势，以智慧灯杆为5G基站载体，可以节约配套基础设施支出，避免城市基础设施的重复建设，节省空间资源，同时极大地降低人工巡检、管理维护等费用开支，更能体现智慧灯杆"一杆多用"的应用价值。未来随着5G由广覆盖转向热点覆盖，5G+智慧灯杆的融合将成为必然选择。在智慧城市整体规划时，建议考虑智慧灯杆与5G同步规划、同步设计、同步实施，既可以完美解决5G建设的难题，也可以大幅降低城市建设成本，提升城市运维效率，为智慧城市建设提供有力支撑。

6.4.2　5G+ 智慧灯杆的适配分析

5G 与智慧灯杆的融合部署首先要解决技术条件设置上的融合，技术条件包括刚性条件和弹性条件，刚性条件是指传输光缆、供电负荷、杆体荷载等配套设施的硬性配置要求，这在第 5 章已有详细讲述；弹性条件是指站址位置、挂载高度、安装方式、外观要求等有一定弹性的技术参数设置，这些弹性指标的设计需要综合考虑覆盖效果、景观效果及设备安装、维护的成本与效率等因素。

1. 站址位置适配性

首先要明确可以与智慧灯杆整合的 5G 基站范围，也就是哪些 5G 基站可以界定为道路站。一般情况下认为道路中心线两侧各 50m 范围内的基站是可以与智慧灯杆整合的，这些站点就界定为道路站。下面根据以往某一线发达城市和某待重点开发的新区的 5G+ 智慧灯杆的规划案例给出统计数据，供读者参考。

（1）现网情况：现网室外站址总量与道路灯杆总量的比例为 8% ～10%，现网道路站与道路灯杆总量的比例为 3.5% ～5%。现网道路站占现网室外站址总量的比例与城市的交通道路发达程度密切相关，在交通路网比较完善的发达城市相对较高（约为 60%），在交通路网欠发达的城市相对较低（约为 38%）。

（2）未来 5 年规划情况：考虑未来交通路网建设完善的情况下，新增道路站占新增室外站址的比例均在 60% 以上。

对以上数据分析来看，不同类型的城市的现网及新增道路站所占的比例有一定的差异，这与城市的交通道路现状和未来道路规划密切相关，但总体可以看出，如果 5G 与智慧灯杆进行针对性的协同规划，未来智慧灯杆全面铺开建设可以为 60% 以上的新增 5G 基站提供站址资源，同时还支撑部分现网站点的优化调整，这将极大地缓解 5G 站址资源紧缺的局面。

因此，建议在满足覆盖需求的前提下，5G 站址应根据智慧灯杆的点位按照"能合则合"的原则进行规划调整。

2. 挂载高度适配性

要分析5G基站挂载高度的要求与智慧灯杆的适配性，可以现有灯杆的高度数据作为参考。结合某些城市5G+智慧灯杆的规划实践来看，道路灯杆的高度数据分布情况差异不大，表6-12给出了某些城市的统计情况，供读者参考。

表6-12　某些城市的道路灯杆高度数据统计情况

灯杆高度	≤ 6m	7 ~ 12m	≥ 12m	≥ 15m
占比	20% ~ 30%	60% ~ 70%	7% ~ 10%	约3%

以上数据也印证了道路灯杆是作为5G微基站的最佳载体。但在5G广域覆盖阶段、微基站建设尚未提上日程时，电信运营企业更关注的是智慧灯杆能否解决部分宏基站的站址需求，以充分发挥宏基站64T64R以上的Massive MIMO（大规模阵列天线）技术的优势，来提升网络性能，降低建网成本。宏基站一般要求天线挂高不低于15m，半高杆（15~20m）或高杆（≥20m）比较适合为5G宏基站提供站址资源。从上述数据统计来看，这部分杆占比约为3%，主要分布在道路交叉口，以及路面宽阔的快速路、主干道两侧，这些区域无线信号传播环境开阔，更适合采用宏基站进行覆盖。因此，在设计智慧灯杆的高度时，建议根据道路和环境的特点，综合考虑照明及基站覆盖要求，适当调节杆体高度，避开高大树木、建筑物等障碍物的阻挡，满足道路无线网络的无缝覆盖，并兼顾周边区域的覆盖。

此外，未来随着5G建设由广覆盖转向热点覆盖，微基站的数量相比4G将会急剧增加，但运营商也不会一味追求通过加密站址来提升网络性能和增加用户数量，一方面站址加密会受限于更高的网络干扰抑制需求，另一方面也要考虑昂贵的5G设备带来的成本压力。

3. 安装方式的匹配性

综合考虑5G设备安装、维护的成本与效率，建议杆体各部件采用模块化设计，满足未来新增设备及设备形态变化的需求。

智慧灯杆设计可以将杆体分为主杆、副杆、横臂三个部分，主杆采用预埋地脚螺栓的方式与基础固定，副杆与主杆之间应采用法兰连接，在主杆顶部、副杆底部焊接法兰，横臂与主杆之间应采用法兰连接，在主杆的杆身上焊接法兰，在横臂的底部焊接法兰。固定法兰的螺栓必须满足强度要求，配两母一垫，保证螺栓稳固不松动。

考虑智慧灯杆未来的拓展性，设计时应为远期设备的扩容预留接口。接口的方式有法兰、卡槽两种。法兰接口应在杆身上焊接一块矩形或圆形的法兰，预留螺栓口安装设备，如图6-20所示；卡槽接口应在杆身上焊接一段或多段卡槽，远期设备可直接安装在卡槽上，如图6-21所示。

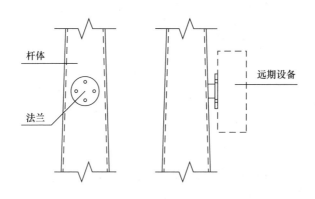

图6-20　法兰接口

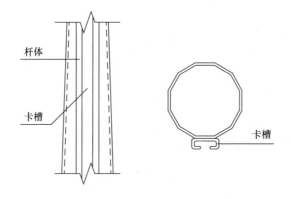

图6-21　卡槽接口

4. 外观适配性

（1）考虑到现阶段设备形态、环境友好度等因素，5G微基站与智慧灯杆的融合应考虑美化外罩的定制（如集束）。美化外罩的定制应考虑以下因素。

① 材质选用上应考虑无线信号穿透能力，避免屏蔽信号。

② 空间满足设备安装尺寸要求。

③ 根据实际需求预留维护的位置。

④ 预留空间或采用百叶窗设计，提高通风散热能力。

（2）考虑美观性，同一根杆体上不宜挂载过多功能设备，不同单位、不同系统的基站尽可能分开杆件挂载，建议每根杆只挂1套系统的5G基站设备，也可以更好地满足天线隔离、挂载高度、线缆布放等方面的要求。

6.4.3　智慧灯杆搭载 5G 的解决方案

5G普遍采用C-RAN的部署方式，智慧灯杆搭载5G基站的解决方案的网络拓扑如图6-22所示。

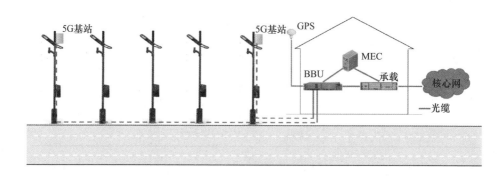

图6-22　智慧灯杆搭载5G基站的网络拓扑

由于宏基站不可避免地存在覆盖不均衡、容量不均衡及室内外不均衡的问题，决定宏基站单一的广覆盖无法满足未来5G用户无处不在的一致性宽带连接体验要求，微基站不仅能够针对性解决宏基站的不足，还具有部署灵活、隐蔽性强、对配套要求不高及安装方便的优点，可以预见，微基站将在提升5G网络的深度覆盖能力中扮演非常重要的角色。

与4G微基站相比，5G微基站的功能、形态、尺寸、功耗等方面不会有明显的变化，但在无线网建设中将发挥更大的作用。微基站功能定位仍主要用于补盲（补足宏基站的覆盖盲区）、热点分流（热点区域叠加覆盖）和新业务使能，具备部署灵活、美观隐蔽等特点。考虑应用场景及安装条件限制，5G微基站一般选择体积较小（如4T4R）的MIMO天线。

微基站主要应用在商业街、广场、旅游景点、城区CBD、居民区、城中村等场景，可充分考虑道路灯杆来部署微基站，解决道路覆盖及周边建筑高层、临街商铺等深度覆盖，以降低建设成本和建设难度。微基站挂高一般以5~15m为主，站间距为100~200m，微基站覆盖方案应注意以下要点。

（1）厂家要求。同一覆盖区域的微基站与宏基站应采用同一厂家设备，统一网管，避免插花组网。

（2）频率使用。用于补盲的微基站与宏基站应同频部署。毫瓦级微基站主要在室内覆盖，原则上采用与宏基站异频组网策略，在干扰可控的室内场所可以与宏基站使用相同频率。

（3）网络拓扑。微基站采用无定形组网，但需特定场景特别分析，避免与宏基站形成干扰。

（4）站址选择。站点部署尽量靠近目标覆盖区域。由于宏基站信号越强，微基站的覆盖范围越收缩，所以，微基站部署时需要尽量靠近目标覆盖区域。

（5）覆盖方向。天线挂高应避免覆盖区域水平和垂直方向的阻挡，应合理选择信号绕射位置安装，选择最佳的覆盖角度以实现最优的覆盖质量，覆盖角度的选择可参考图6-23。

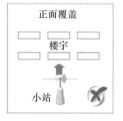

图6-23 正确和错误的微基站覆盖角度

下面介绍各种覆盖场景下智慧灯杆搭载5G基站的典型案例。

（1）广场智慧灯杆搭载宏基站案例——广州平云广场，如图6-24所示。

图6-24 广场智慧灯杆搭载宏基站案例——广州平云广场

（2）商业步行街智慧灯杆搭载微基站案例——广州北京路步行街，如图6-25所示。

图6-25　商业步行街智慧灯杆搭载微基站案例——广州北京路步行街

（3）校园智慧灯杆搭载微基站案例——广州华南师范大学，如图6-26所示。

图6-26　校园智慧灯杆搭载微基站案例——广州华南师范大学

（4）园区智慧灯杆搭载微基站案例——广州广报中心，如图6-27所示。

图6-27　园区智慧灯杆搭载微基站案例——广州广报中心

（5）社区智慧灯杆搭载微基站案例——广州广钢新城，如图6-28所示。

图6-28　社区智慧灯杆搭载微基站案例——广州广钢新城

（6）机关大院智慧灯杆搭载微基站案例——广州市市政府大院，如图6-29所示。

图6-29　机关大院智慧灯杆搭载微基站案例——广州市市政府大院

6.4.4　畅想智慧灯杆的 5G 应用

搭载了5G基站的智慧灯杆，利用5G大带宽高流量、低时延高可靠性的优势，可以实现的5G应用有5G网络高速体验、智慧照明、智慧安防、信息发布屏、智慧交通、智慧感知、一键呼叫、公共广播等。

1.5G网络高速体验

在智慧灯杆上加载5G基站，消费者可扫码付费接入，享受5G高速网络及基于5G的

AR/VR娱乐体验，如图6-30所示。

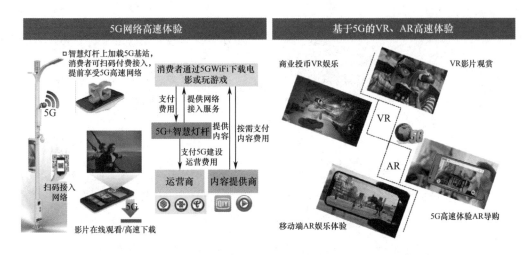

图6-30　5G+智慧灯杆应用

2. 智慧照明

随着城市建设迅速发展，用于城市照明的电能消耗逐年攀升，传统城市照明多为低效照明，电能利用率不到65%，粗放式照明、过度照明情况普遍，电力资源浪费严重。城市照明电能浪费的主要原因是供电品质差、线路损耗大、管理方式粗放。供电品质差体现在上半夜行人车辆较多时，适逢用电高峰，电压低，亮度低；下半夜行人车辆较少时，用电负荷下降，路灯反而异常明亮；线路损耗大体现在路灯供电线路长、功率因数低及三相不平衡等原因，路灯线路电力损耗较大；管理方式粗放体现在照明线路控制简单，只能实现简单的区域照明和定时开关功能，同时照明设施巡查方式落后，故障处置效率低，也造成很大的人力、物力、财力浪费。

智慧照明是现代城市照明的发展趋势，通过智慧照明的建设，可以实现对路灯照明的功率调整、单灯控制、远程控制等功能，有效节能降耗，节省照明的电力成本；数据实时采集、故障自动报警等功能可以减少路灯管理部门的路灯管理和维护成本，提高工作效率，提升路灯管养水平。

图6-31所示为智慧照明应用。

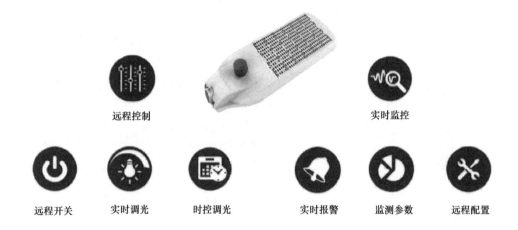

远程控制   实时监控

远程开关   实时调光   时控调光   实时报警   监测参数   远程配置

图6-31   智慧照明应用

3. 智慧安防

视频监控系统属于现代城市治理必不可少的基础设施，在打击犯罪、治安防范、建设平安城市过程具有不可替代的作用。建设视频监控系统，是公安系统公共安全视频系统的有益补充，使"雪亮工程"真正到达社区一线。除此之外，通过视频监控系统，实现交通流量的实时监测，进而开展智能化的交通诱导和停车诱导，有助于改善道路交通环境，提高交通运行效率，保障城市畅通有序。

视频监控系统的主要目标是充分利用采集到的交通路口和重要场所的信息，适应动态环境变化，获得最优化的调配警力，更好地解决安全管理方面的难题。系统主要对管辖区域的城市道路及重点地区进行监控，主要目的是收集主要通行道路、人流汇集场所、治安、交通等状况，采取有效措施，及时预防和打击犯罪活动，维护社会稳定和发展。

图6-32所示为智慧安防应用。

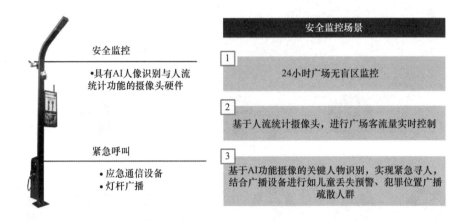

图6-32　智慧安防应用

4. 信息发布屏

在智慧灯杆上设置LED彩屏幕，清晰度高、位置醒目，可实时播放社区信息，将社区建设、社区形象、旅游景点、文化品位等信息及时发布宣传出去，使每个人都够直观全面地对当地信息进行细致了解，打造社区名片，如图6-33所示。

LED公告屏可以智能播放社区停车场车位等信息，方便游客驾车；智能灯杆LED屏幕也可以通过后台远程推送环境信息，使游客时刻掌握天气与空气情况；智能灯杆LED屏幕还可以播报一些商业信息，有一定的商业推广价值；遇到突发情况，可以联动智能灯杆上的智能广播等模块，及时在社区内播报应急信息。

5. 智慧交通

基于智慧灯杆整体设计，针对交通灯进行定制化，把交通灯、路灯、交通指示牌、交通监控摄像头及信息发布LED屏等物联网设备进行整合，结合智慧社区平台的信息资源，可实现智能化的交通指挥、道路指示、违章抓拍等功能，减少杆体重复建设，提高城市基础设施建设的集约化水平，优化城市空间结构和管理格局。智慧交通系统的建设能让驾驶人员通过智能引导系统安全地、快速地到达目的地。

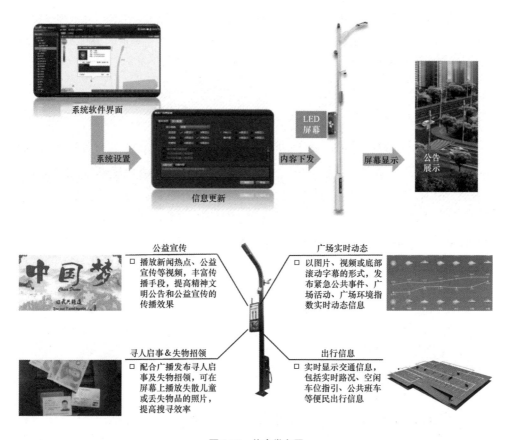

图6-33　信息发布屏

智慧灯杆上的RSU设备及智能网关等可以实现车辆网联化和自动化，成为智慧交通与自动驾驶的重要组成部分。结合智慧灯杆上的视频监控系统及停车位地磁感应设备，可实现对车辆泊车情况的精准感知，以满足智慧停车的场景应用；通过交通流检测器采集城市交通信息，可通过5G信号实时传递交通状态信息，如车流量、车道平均速度、车道拥堵情况等。

6. 智能感知

通过增设传感器，道路照明设施即可对周围环境进行检测，实现道路照明设施的智能感知，可实现的城市道路智能感知有PM2.5监测、温湿度监测、噪声监测、井盖监测。

在遍布全路的路灯杆上安装相应检测仪，就可以持续、实时监测全路各区域数据。由路灯杆通过5G信号将监测信息上报到管理平台，管理平台即可汇总当前的PM2.5值、温湿度、噪声、井盖异常监测情况，为相关部门的工作提供依据。

7. 一键呼叫

对道路照明设施统一编码，每个道路照明设施分配唯一的编码，通过编码精确识别单个道路照明设施的身份信息和位置信息。根据需要为若干道路照明设施增加求助按钮。情况紧急时，市民直接走到该道路照明设施旁，按下求助按钮与求助中心人员进行视频通话，包含位置信息的求助信息将会直接发送到管理平台，同时该道路照明设施附近的监控摄像头立刻拍摄现场的实时视频，并传回管理平台，供管理人员处理使用。

8. 公共广播

实现自动/手动播放背景音乐、寻呼广播、业务广播；发生紧急事件时，系统将广播权强行切换到紧急广播状态，进行远程指挥，紧急广播具有最高优先控制级别。

6.4.5 5G+智慧灯杆的融合发展思路

智慧灯杆为5G基站提供丰富的站址资源，5G基站是智慧灯杆重要的挂载需求，研究两者在规划、建设、运营环节上的融合显得非常有必要，可以从以下几方面考虑。

（1）在规划阶段高效对接挂载需求，使智慧灯杆在光缆、管道、供电配套设计上更加合理，避免过度预留或预留不足的情况。

（2）出台5G+智慧灯杆规划建设规范，各方在智慧灯杆挂载5G基站的技术条件设置上统一共识，避免出现挂高不足、电力容量不足、隔离度要求不满足等问题。

（3）智慧灯杆建设运营主体与电信运营商建立深度合作模式，电信运营商在租用智慧灯杆配套资源的同时也可以为运营商提供传输网络资源，建立合理的租赁价格机制，共同分享公共设施资源带来的红利。智慧灯杆建设单位也应站在电信运营商的角度看待问题，协助解决杆站建设痛点。

（4）加快5G基站上杆，既可以提升5G网络覆盖水平，让智慧灯杆可以更快地获得收益，缩短投资回收周期，还可以催生更多基于5G+智慧灯杆的新业务、新应用。

（5）在实施环节上，探索双赢合作模式，充分考虑各专业共享资源、同步施工、统一维护，例如，在施工阶段共用吊机，同步安装杆体和5G设备，实现降本增效。

（6）在杆体形态、电源配套等方面加强联合创新。例如，与灯杆一体化的微基站、低成本高可靠的电源备电方案，等等。

🔍 6.5　小结　　　　　　　　　　　　　　　　＋

　　5G无线网的建设是5G网络建设最重要的部分，也是建设难度最大、建设成本占比最高的部分，直接决定网络覆盖的范围和用户感知。5G基站建设的难题要着眼于以创新的思维来解决，5G与智慧灯杆的融合创新无疑是最佳的选择，所以，建议一方面要加强在智慧灯杆配套建设、运营模式上的创新，同时培育更多基于智慧灯杆的5G新应用；另一方面建议5G基站设备厂家能致力于创新，开发出更适合智慧灯杆的新型低成本、低功耗设备，让5G与智慧灯杆的组合更趋完美。

PART 4

第四篇

实践部署篇

第 **7** 章

智慧灯杆建设实施路径

伴随着5G和智慧城市的蓬勃发展，智慧灯杆已然成为产业发展的"风口"，作为一名从业者，既要从发展中吸取成功的经验，也要正视实施过程中存在的种种问题。希望通过本章对智慧灯杆建设关键要素和运营模式的梳理分析，能给读者在探索智慧灯杆建设运营成功模式的路上带来一些思考和启示。

🔍 7.1　推动智慧灯杆建设落地的总体思路　　╋

智慧城市是加快实现新型城镇化的新路径，是实现全面建成小康社会后全面建设社会主义现代化国家新征程的新动力，是经济新常态下的新增长点。而智慧灯杆无疑是智慧城市建设的主要"神经末梢"，通过建设智慧灯杆，及时整合、共享城市的公共资源、公共服务等各类需求信息，通过实现万物互联、信息全面感知、实现资源的"共建共享"，提高惠民能力，从而能够极大地提高数字城市管理与服务能力，提升人民群众的物质和文化生活水平。

作为智慧城市的一个缩影，智慧灯杆在安全、交通、市政、宣传、环境等多个层面给政府和市民带来便利，有效提升和改善我国的智慧城市发展与城市基础设施水平。智慧灯杆利用基础设施集成与信息通信技术手段，采集、传输、分析、整合感知城市基础设施运行系统的各项关键信息，可以为照明、通信、电力、交通、环保、公共安全、城市基础服务、商业活动等各种应用提供数据采集和感知服务。利用建设智慧灯杆，实现精细化节能管理，光纤、电力等设施共建共享，设备自动化运维。智慧灯杆作为城市基础公共设施，作为智慧城市最先竖起的"智慧"符号，较其他城市公共设施密度更高、分布更均匀地覆盖了城市区域，使得智慧灯杆当前条件下优先成为智慧城市感知层的最佳载体，成为大数据、5G等高新科技应用载体的不二选择。搭载各种智慧应用的智慧灯杆充分体现了智慧城市承载的数据价值与数字科技体验，成为现代化网络与数字平台的最前端脉络。

智慧灯杆是智慧城市发展承上启下的重要衔接点，使城市具备智能协同、资源共享、互联互通、全面感知的特点，从而实现智慧城市管理和运行，促进城市的和谐、可持续发展。建设智慧灯杆是我国乃至全球智慧城市及其城市基础设施与现代化竞争力提升的重要方式和途径。

作为一个信息化时代的新型产物，智慧灯杆有其广阔的市场，给管理部门及公众都提供了较多的便捷。不管在节能环保层面，还是集约化共享建设方面及打通部门数据和自动运维等方面，都能直接或间接带来效益，如何给智慧灯杆一个明确的商业定位和确定一个较为理想的运营模式，成为决定智慧灯杆未来数十年在我国发展与大面积建设能否取得成功的重要核心问题。

针对智慧灯杆产业发展的问题，需要理性看待，稳步解决，探索智慧灯杆产业健康科学、有机团结的生态模式。针对上述问题，笔者给出以下相应的建议，试图探讨出智慧灯杆产业发展的较为清晰的路径。

1. 处理好政府投资和社会投资关系

在目前智慧灯杆仍没有清晰市场化商业模式时，政府的投资模式对拉动市场创新发展非常有必要。引入社会资本，有利于调动各方的积极性和发挥企业的专业优势，推动智慧灯杆市场加速发展。在政府与社会投资合作的模式下，政府作为顶层设计的总设计师，需要制定规则和秩序，从政策法规到技术规范及金融体系为生态系统建设提供支撑保障，需要加快政府信息基础设施供给侧结构性改革。通过引入产业资本，组建强势专业的企业，形成专业分工明确、产业结构合理的智慧灯杆甚至智慧城市建设、运营和管理平台，推进智慧灯杆系统的建设、使用、运营，助力智慧灯杆产业发展。鉴于应用产品形态丰富的特征，技术合作、项目合作、资本合作等方式将激发智慧城市产业新的活力。

2. 调整角色关系，必要时设立专业平台机构，调整部门职能，解决利益切分问题

智慧灯杆的背后是各需求方的业务融合，这种业务融合涉及利益切分。一个好的产业要想持续发展，必须解决职能归属和利益切分问题。项目的推广落地一定要积极调动

如属地照明管理单位的力量，调整角色关系。包括城市照明管理部门在内的有实力企事业单位成为智慧城市基础建设运营管理企业、平台管理企业，也是目前大势所趋。

3. 因地制宜，了解用户的真正需求

智慧灯杆不再是一根简单的杆子，它所承载的业务相当复杂，它既要具备通信功能，还要具备环境监测、公安监控等功能。厂商在研发智慧灯杆时，要了解用户的真正需求，不要人为将其复杂化。路灯要根据城市的规模或场所，合理配置各项功能，例如，中心城市与地级、县级城市的配置有所不同，在城市中拥堵的道路上不宜带充电桩，也不是每根路灯灯杆上都必须装交通监控、污染物监控、大气质量监控、气象、医疗救助和小基站等功能，最重要的还是要基于真实场景需求，因地制宜，切忌闭门造车。

4. 厘清增量与存量的关系，分类建设

增量设施以智慧灯杆件为基础性建设，通过一次规划，最大限度地缩减建设预算，有效分摊智慧城市专项建设成本；通过分步实施，让应用落地更加便捷、商业模式更加多样，进而形成叠加效应，实现持续、长期受益。

存量设施通过"轻量化"改造方式，不大兴土木，内部闭环，成为智慧城市数据采集终端，通过路灯的智慧化改造，轻盈转身，发挥存量设施价值，快速响应智慧化落地需求。

5. 建立智慧灯杆统一标准规范，确保产业快速前进

标准化的制定，是确保产业快速前行的第一步。完成这一步，后续的建设工作就会水到渠成。如果业界在标准化方面没有达成共识，那么对于智慧灯杆产业的推进工作将是很大的阻力。

通过顶层规划，加快建立智慧灯杆统一标准规范，建设具有一定规模的智慧灯杆样板示范，实现各业务组件互联互通、数据共享及功能演进，并通过市场检验，逐步优化。

🔍 7.2　智慧灯杆建设落地的关键因素　　　＋

7.2.1　政府引导是关键

任何一项城市长远发展的公共基础设施要健康发展起来，都离不开政府管理部门的引导作用。智慧灯杆建设需求面广、涉及职能部门多，智慧灯杆建设是以智能化推动社会治理现代化的一项系统工程，政府在智慧灯杆建设中承担着发起者、投资者、管理者、监督者等多重身份和角色，实践也多次证明，政府统筹力度大的城市，其智慧灯杆产业的发展处于明显的领先地位。

因此，业界普遍期待政府能加强组织领导，成立专门的管理机构来真正落实政策保障和目标责任，从以下4个方面发挥主导作用。

（1）建立智慧灯杆建设统筹工作机制，明确各部门关键任务分工，制订年度建设工作计划，明确各项关键工作节点时限、考核标准，构建职责清晰、协调有序的责任体系，加强基础设施建设、行业应用、市场引导、资源配置等方面的联动，充分发挥顶层规划的引导作用，促进智慧灯杆与其他市政工程协同推进。

（2）加大政策扶持力度，以政府投入为引导，探索建立多元投入体系，设置合理的投资回报机制，创新建设运营模式，运用政府和社会资本合作模式引导社会资本参与智慧灯杆建设运营，按照"风险由最适宜的一方来承担"的原则，合理分配项目风险。

（3）出台统一的技术标准，推动建立多层次人才队伍，强化工程质量把控，完善市场监管管理机制，加强信息安全管理，探索开展智慧灯杆采集数据的综合利用工作，推动形成智慧城市信息中枢。

（4）加大宣传推广力度，营造良好的行业发展环境。建立多渠道、灵活的宣传推广体系，提高社区居民对智慧灯杆建设的认知度、参与度，加强服务提供者对智慧灯杆建设的责任感和使命感。

7.2.2 机制管理是保障

当前我国智慧灯杆建设大多以小规模区域的新建道路灯杆建设和存量道路利旧合杆替换，往往在不改变原有经营与投资方所有权的前提下，进行现有的资源新建或者利旧改造工程，缺乏对目前智慧城市探索性应用与项目的落地。未来城市智慧灯杆规划纳入国土空间规划专项规划后，其经营制度也将面临重新分配与实施，主要包含以下3种经营制度：服务外包制、特许经营制、股权合作制。

（1）服务外包制，即政府购买由企业完成的公共服务。该模式在国内外部分城市的应用中已经相对成熟，国外的代表案例包括新加坡iN2015电子政务系统、美国得克萨斯州的Corpus Christi无线城市、荷兰阿姆斯特丹公共自行车项目、德国柏林的节能建筑项目等。下面以阿姆斯特丹的公共自行车项目为例进行介绍，阿姆斯特丹的自行车拥有量比市民总数高出50%，依靠政府出资以服务外包制运营的占较大比重。政府选择多家运营商，提供资金用于项目的启动、运营和维护。

（2）特许经营制，即政府特许企业一定期限的经营权力，在经营周期内，企业对智慧灯杆项目进行建设、运营、维护，经营周期到期后政府将经营权收回。在该模式下，政府通常通过招标的形式选定资金雄厚、技术先进和管理能力强的专业企业，与其签订特许权协议，共同成立相关智慧灯杆项目公司，并赋予其特许经营权，合作模式如图7-1所示。法国政府采用该模式推进智能水表项目建设，该项目由法国政府授权法国电信和威立雅水利公司特许经营，两者分别在信息技术领域和市政用水领域积累了深厚的技术基础和项目经验。

（3）股权合作制，即政府和市场以股权合作形式，成立投资项目基金公司等服务供给主体，并以此开展智慧灯杆项目建设和运营。近几年来，股权合作制已成为智慧城市基础设施及应用推广的新型建设运营模式，在国内外诸多城市已有经验，具体合作模式如图7-2所示。

阿姆斯特丹的ASC基金项目率先实施股权合作制，阿姆斯特丹政府授权一家政府直属的智慧城市协调机构AIM作为政府代表，与当地能源企业Liander各自出资50%成立智慧城市基金。通过这种智慧城市基金运作模式，阿姆斯特丹智慧城市建设极大地调动了私营企业的积极性，确保了社会资金的高效利用，减轻了政府资金压力。目前，该基金合作伙伴规模不断扩大，IBM、埃森哲、飞利浦、思科等超过100家企业投资加入，而该基金投资项目至今已超过75个。

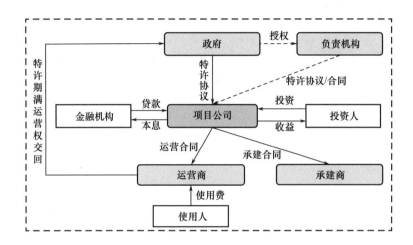

图7-1　智慧灯杆的特许经营制结构

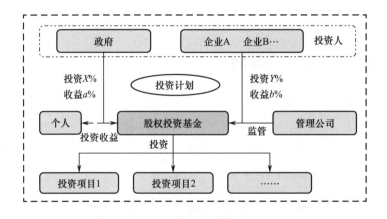

图7-2　智慧灯杆的股权合作制结构

7.2.3 技术标准是指南

技术标准是指导产品研发、规划设计、工程实施、检测验收和运行维护的基本准则，是控制工程质量和工程造价的基本依据，制定内容全面的标准化技术体系是推动智慧灯杆产品批量生产和项目规模化落地的重要支撑。

前面已经多次提到智慧灯杆建设标准化工作的重要性，但由于智慧灯杆涉及专业技术多、应用需求面广、参与单位多，所以，标准化工作的难度较大。目前国内针对智慧灯杆标准化工作只停留在地方标准和团体标准上。国家标准缺失、地方标准不一的窘境，造成技术参数不统一、上下游产品接口不兼容等问题，给智慧灯杆的产品研发设计、生产制造、工程设计、应用推广都带来了极大的困扰，成为阻滞产业发展的主要因素之一。

因此，面向智慧灯杆产业未来的发展态势，要从概念认识到系统构建、从技术融合到产品应用、从互联互通到安全保障等多个维度着手构建标准化体系，尽快出台统一的国家、行业标准，为未来实现跨地域、跨系统和跨平台数据互联互通提供技术指南，促进智慧灯杆产业健康有序的发展。

7.2.4 应用需求是导向

智慧灯杆建设始终要坚持以人为本、服务民生为落脚点，才能具有可持续发展的生命力。建设智慧灯杆的终极目标是让城市管理更高效、服务更便捷、出行更安全、环境更舒适，智慧灯杆的创新应用不能只停留在概念的炒作上，而是要关注真正惠民利民的智慧应用，让市民有实实在在的获得感和幸福感。

当前有些城市的智慧灯杆建设停滞不前或效果不佳，可能存在各种各样的原因，但普遍有一个共同点，就是缺少真正让广大民众青睐的智慧应用，或者是应用尚未培育成熟，又或者是由于各类智慧应用之间缺少信息联动导致难以推广，让从事相关业务运营的企业对智慧灯杆的投入仍然持谨慎观望态度，这些因素都在某些程度上使得智慧灯杆的建设和应用效果与最初的目标产生偏差。因此，未来智慧灯杆的应用开发应更加注重融入用户体验元素，以用户需求为导向，自下而上地开展智慧灯杆系统设计。

7.2.5　运营模式是内驱

政府和企业是智慧灯杆建设的主体，二者如何高效协作是推进我国智慧灯杆产业发展研究和探索的重点。就目前发展来看，主要形成了两类投资运营模式：传统政府投资建设模式、公私合营投资模式（Public Private Partnership，即 PPP 模式）。

1. 传统政府投资建设模式

在传统模式下，智慧灯杆的建设及运营主要由政府独自投资建设、运营和维护，部分挂载需求免费提供使用，部分需求出租资源或者有偿使用服务，通过资源租赁或者有偿服务使用来获取盈利，弥补投资成本。其主要特征是政府包揽智慧灯杆系统基础设施或管理平台的投资、建设、维护和运营等全部责任和所有权归属。

传统模式下，智慧灯杆的投资、建设、维护和运营等由政府承担全部责任和权利，其鲜明优势是政府能够深入监管工程质量，对工程建设和运营有绝对控制权。但由于政府部门财政支出压力较大、投入精力有限，对比社会资本投入管理存在较多缺失和劣势；同时缺乏足够的建设运营技术能力，承担很大的投资风险；政府必须获得足够收益期望的前提下才能维持系统正常运转，同时也面临智慧灯杆相应业务的运营、应用推广及后期维护等困难。传统模式应用方式简单，易于实施，是数十年来主要的建设运营模式。

2. 公私合营投资模式（PPP模式）

由于传统模式在近几年实际应用中弊端愈发显现，PPP模式逐渐成为智慧城市基础设施建设中常用的项目投融资模式。在该模式下，积极鼓励私营企业、民营资本与政府进行互利合作，参与诸如智慧灯杆、智慧交通、智慧园区等智慧城市基础设施的建设。相比传统模式，广义的PPP模式具有以下5大优势：一是摊平基础设施建设投资成本，缓解地方政府财政压力，适应部分政府债务压力较大的局面，从而减少政府主权借债和还本付息的压力。二是可以吸引社会资本的注入投资，以支持国内智慧城市基础设施建设相关政策的落地实施，将公营机构的风险转移到私营承包商，项目风险均摊化，避免公营机构承担项目的全部风险。三是 PPP 项目通常都由专业技术成熟的单位或企业来承包，这会给智慧灯杆等相关应用建设带来先进的技术理念与管理经验，既给承建商带来较多的就业发展机会，也促进了地方智慧城市建设与拉动周边产业链相关利益者，促进地方经济持续发展，为保障当地就业率提供了良好的温床。四是利用社会资源与私人资本的高效管理优势，兼具国家战略机制、地方政府政策的宏观把控能力，实现人力、物力、财力等相关资源的"物尽其用"。五是将风险和利益均摊化，实现智慧灯杆项目后续的可持续运营。

虽然 PPP 模式可以有效解决风险和投资问题，但该模式也存在诸多问题需要解决。首先，在特许经营期限内，政府将失去对项目所有权和经营权的控制；其次，可能造成设施的掠夺性经营与产业寡头的出现。

Q 7.3 智慧灯杆的运营模式分析 +

7.3.1 智慧灯杆运营需考虑的主要问题

1. 存在的问题

1）建设内容分散，投资效益比低下

智慧灯杆系统建设涉及城市系统运行管理及社会经济发展的方方面面，涵盖城市管理、市政服务、通信互联网、数字经济发展、居民生活、交通安全、文化娱乐、信息交互等多个领域。项目建设投资具有规模大、回收周期长、利润率低、社会公益性强等特点，资金大多无法有效盘活。加之很多项目为社会固定资产的公益性项目，没有直接经济收益，项目运行维护的绝大部分资金基本靠政府财政预算。造成政府在智慧灯杆建设中承担巨大的压力，国家财政投入的领域较为发散，很难形成集中建设，此外，由于智慧灯杆的部分公益性需求，社会力量与资本难以具备参与建设的意愿，愈发使得政府资金紧张，难以形成较大规模与效益。

2）建设模式比较单一，缺乏模式创新

目前我国智慧灯杆建设存在"千城一面""急于求成"的问题。智慧灯杆建设是一项城市发展的创新性事业，没有太多的相关经验可循，因而在项目实践中，很多建设管理者直接套用企业现有的解决方案，都采用建立集中机柜/机房、LED大屏、独立运营管理平台、需求功能无脑叠加等一体化形式，造成了智慧灯杆建设外观上"百花齐放"，实则"千城一面"的现象。另外，因为建设目的不够明确，建设思路不清晰，缺少对实际需求的前期收集与对市民最迫切需求的考量，造成部分城市盲目跟风，把智慧灯杆建设作为政绩工程和形象工程，贪大求全；有的区域则把智慧灯杆建设仅仅定位在工程建设层面，缺乏对数字城市顶层规划与设计的概念，没有明确主要的工作思路和任务实施路线。

3）建设可持续性较差，缺乏自我造血功能

"罗马不是一天建成的"。作为新型城市基础设施的智慧灯杆建设绝非一朝一夕之功，也不可能一口吃个"大胖子"，而是需要结合当地实际情况，建立良性健康的可持续发展模式。但目前来看，绝大多数城市智慧灯杆建设却普遍存在财政投入压力大、技术成本较高、可持续性较差、后续运营与维护较为乏力等问题。往往是某个智慧项目试点通过本级政府一次性投入资金或上级补助资金，短时间内完成了智慧灯杆试点范本建设，但由于没有建立有效的市场引入机制和商业运营机制，没能实现智慧灯杆自身优势与造血，无法带动相关产业发展，社会资本参与不足等，只能依靠财政资金持续输血，导致一些智慧灯杆项目推进困难，甚至有可能成为烂尾项目。

4）运营机制尚不健全，投资与发展决策尚不明朗

从目前国内外城市发展情况来看，智慧灯杆的推广和应用还处于初级阶段，尚未形成成熟的商业盈利模式，而商业运营与盈利方式的确定是整个智慧灯杆推广应用过程中的主要难点之一。目前各省、市积极推广智慧灯杆的主体是灯杆生产企业、部分地市铁塔公司及城市照明中心等企业或单位机构，主要目标多是产品销售和政策推广，以铁塔公司为首的通信企业为了解决5G基站选址困难和通信设备挂载等问题，不遗余力推广智慧灯杆的发展与普及，而其他社会资本在盈利模式尚不明朗的前提下，大多持观望态度。如此一来，导致目前我国智慧灯杆的建设从上到下均是以地市政府为主导进行投资的，而由于政府职能部门的管权分割等因素影响，使得智慧灯杆的推广与应用推进困难重重，示范指导作用大打折扣。

2. 主要解决思路

1）政府加强统筹，各部门加深协作

智慧灯杆建设需要一个完整完善的决策、组织、协调、执行、支撑体系对其进行全面统筹、合理规划、整体推进和具体实施，建立合理的组织架构是必要之选。国外城市在组织方式上率先创新取得突破，形成首席信息官制、"一把手工程"制等先进制度。首席信息官制是一种以独立设置的首席信息官为核心，基于政府决策全权负责区域信息化

基础设施建设推进，并通过下派或集中的方式组织各成员单位协同建设的组织架构项目建设模式。以新加坡和英国为典型代表，新加坡资讯通信发展管理局（IDA）即承担该角色，负责政府资讯的通信基础设施总体规划、标准、政策等的制定，跨部门IT建设的协调，工程项目实施的监督等工作。

"一把手工程"制即智慧灯杆建设战略与重大决策的制定机构设置在首脑机关，通常设置专职机构作为该架构的核心。英国政府较早即在首相直属的内阁办公室下设立了电子政务大臣和电子政府办公室，作为政府CIO，取代了原有的电子大臣、电子专员和电子专员办公室等设置，对电子政府整体建设进行宏观规划和统筹管理，对国家信息化建设做出全面决策。巴塞罗那成立了"城市栖息地"部门，专职负责智慧城市项目的协调、推进和监管等。

2）成立产业主导机构，加强市场化宣传

建议以智慧城市建设的牵头单位成立智慧灯杆系统建设的管理部门，具备一定建设报批的行政所属权，负责组织、编写、制定智慧灯杆相关建设管理的战略政策、法律法规、建设与发展计划、相关规划与建设流程报批等，以及智慧灯杆协同城市规划与基础设施发展的同步建设内容。地方政府部门可成立智慧灯杆建设相关的促进组织，有效加强智慧灯杆的社会化、市场化、民营化宣传，以政府主导为前提，提升实体私营产业与国有企业合作水平。在政府的协调监管下，保障智慧灯杆项目的顺利推进和发展。

3）创新融资模式，强化资金保障

智慧灯杆作为智慧城市网络感知的基础设施载体，属于现代信息化基础设施的建设范畴，不同地市的建设与投融资模式需要结合当地的实际项目建设体量与城市规划发展计划，不能将智慧灯杆作为政府的"面子工程"和表面的宣传工作，智慧灯杆项目建设的实际场景、承载设备与功能应与当地发展战略和市场化体制机制、地方法律法规相结合，根据不同的经济、文化、城市发展分类分级，采用多种组合方法，执行精细化投融资建设模式。在符合当地的投融资模式与运营模式的前提下，采用有偿使用与地方政府财政补贴相结合的机制，积极引入社会资本，加大对智慧灯杆相关领域的技术攻关与科技创新。提高对智慧灯杆相关新技术、新产品、新科技的研发力度。通过新媒体、互联网（含移动互联网）、网络平台等多媒体方式对智慧灯杆进行推广与科普宣传，增加社会对智慧灯杆的认识水平，提高对社会资本的吸引。

4）提高与加深大众的参与程度和积极性

智慧灯杆参照智慧城市的发展趋势，将大数据与智慧应用明确为智慧灯杆发展的核心内容，用户成为智慧灯杆建设的首要服务目标，用户直观感受也纳入智慧灯杆运营评价标准，采取大量鼓励措施推动市民参与到智慧灯杆规划与运营的各个环节，多以趣味性、游戏化形式为主。以阿姆斯特丹政府设立的智慧城市项目树为例，市民可以自主提出建设项目的意见，进一步为其打分，政府依据每个项目所获支持分值决定为其分配的资源多少，从而使得市民直接参与项目规划工作。西班牙的巴塞罗那市政府通过公共平台将城市问题摆上货架，不仅提升了政府透明度，让市民感知城市中各方面的问题，更给予市民集体参与解决自己身边问题的可能性。

5）明确行业定位，完善供应体系与市场行业链

行业与产品定位奠定了智慧灯杆行业发展的基础，对于智慧城市发展的基础部分，智慧灯杆相关产品隶属于信息与通信技术（Information and Communication Technology，ICT）范畴，需对产品实行现代化统一管理与市场化信息、产品质量控制等因素相结合，保障智慧灯杆作为现阶段我国科技发展的前沿产物，具备行业代表性与可适用性，在满足市场需求的前提下，做到功能的有效覆盖，构建与智慧城市系统相结合的智慧化供应体系，促进形成智慧灯杆市场化发展与产业链供给平衡，实现多渠道、多样化发展。

优化智慧灯杆供应链与产品保障服务，规范相关供应商的产品研发、质量筛选与企业合作相关环节，保证智慧灯杆的功能模块符合相关行业的产品质量水平，建立与完善运维服务体系，培养专业的智慧灯杆相关产业人才，与地方高校、科研机构共同打造与智慧灯杆相关的产学研组织机构，保障智慧灯杆在未来的发展过程中做到人才持续供给，专业研究与商业化推广两不误。

6）互联网平台与政府协作，助力5G+智慧应用发展

智慧灯杆建设可参照国外大量互联网平台企业与政府积极展开合作，以数据开放参

与到智慧城市基础设施建设中。在智慧交通领域，Uber在2015年1月开始与波士顿政府合作。Uber作为智能租约车平台连接了司机、消费者、租车公司等各方，汇聚海量信息，目前已向波士顿政府部分开放，信息包括用户每次搭乘的起始和结束时间、行走距离及用户上下车地点的邮政编码等。在卫生健康领域，美国电子健康记录公司 Cerner 和Athenahealth 与苹果健康展开合作，对市民健康信息进行采集和整合，并向政府部门开放。

7.3.2　运营模式分析及选择原则

智慧灯杆执行标准化、系统化、集中化的统一部署，在高度集约化的同时极大地提升了我国城市智慧化的水平，提高了城市相关设施与应用的运营效率。当前我国建设智慧城市的重点任务是构建多元化运营、便民惠民的应用服务，打造高效智慧的城市运营管理系统和构建安全可控的防护体系。在打造智慧灯杆项目过程中，我们采取的主要运营模式需根据实际情况，优先将城市道路中原有可利用的路灯升级改造成为智慧灯杆。考虑政府和社会资本相互合作的模式，企业借助从政府获得的特许经营权，获取城市道路相关路灯杆设备挂载，以及已改造和未改造的建设、运营、维护等权利，以此来回收企业的投资成本。

目前，我国智慧灯杆虽呈现出一幅蓬勃发展的景象，但实际有效推广的成熟应用模式还处于初级阶段，智慧灯杆的商业化应用和部署仍存在较多难以解决的问题。

（1）功能应用回报率不高。由于智慧灯杆整杆替换或者新建的成本相对较高，但产生的附加产值比例相对较低，充电桩售卖电、5G赋能场景化应用、智能传感设备、车辆网等行业普及程度较低，未来有较大的发展前景，常规的照明、4G/5G移动通信、交通指示、视频监控、市政管理等其他功能为基础设施服务，增值空间较少，不利于吸引市场资本的投资。

（2）运营与维护机制不清晰。国内智慧灯杆建设与运维管理多处于试点和片区化探索，未形成适应性与普遍性的市场化盈利模式与投资机制，视频监控、传感识别等非公共数据还涉及个人隐私与网络安全等方面的诸多问题，设备维护与设施产权归属等现阶段未有效解决的问题，其前景同样不明朗。

（3）协同管理难以实现。智慧灯杆的建设、管理、运维涉及通信、交通、公安、气象、城建、路灯管理等多个不同领域与组织部门的协同，其资产权属、经营划分、管理权限分散于不同实际主体之间，难以统筹与协调管理，这也成了制约我国目前智慧灯杆发展的最重要因素之一。

1. 商业定位与市场产业链分析

1）商业定位

市场定位与商业价值的概念：商业模式简单来讲就是企业盈利的方式，定义并明确说明企业组织间通过价值链定位和商业关系获取利益分配的关系，其本质上是利益相关者间的交易结构。利益相关者包括外部利益相关者（顾客、产业供应商、其他相关合作伙伴）和内部利益相关者（股东、企业家、员工）。商业模式为各方利益相关者提供一个将各方交易活动相关联的纽带。

智慧灯杆市场定位：依照"平台化"战略思想，通过研究咨询、产品应用（自研及外供）、市场营销、服务交付等服务内容，联合智慧城市建设的提供者、管理者、投资者，搭建智慧灯杆服务与管理平台，制定合理的商业模式，打造合作共赢的良性循环商业生态圈，面向游客、居民、企业、投资者、政府部门、领导提供一体化服务。需明确角色、建设过程与职责三者之间的关系。

2）智慧灯杆产业链结构

确保智慧灯杆的良性协调发展，我们认为需坚持以下4个服务主体：政府、经营者、智慧灯杆基础设施服务提供商、智慧灯杆应用服务提供商。通过4个服务主体相互协同合作，四位一体，共同推动数字化、集约化、规模化、创新性的智慧灯杆系统产业的健康生态环境，助力智慧城市快速协调发展。以上4个服务主体相关职责如表7-1所示。

其中，政府作为主体要素之一，在智慧灯杆产业链中发挥着不可估量的作用。

表 7-1　智慧灯杆产业相关主体与职责

服务主体	职责
政府	智慧灯杆的牵头组织者，必须具备智慧灯杆建设、运营及服务开展的全程监管、优化和综合各种应用，形成产业相关的整体发展合力与引导者
智慧灯杆经营者	智慧灯杆的践行者，负责牵头智慧灯杆项目实施、需求搜集、整体规划、运营保障、服务保障及应用拓展等工作
智慧灯杆基础设施服务供应商	重点关注规模化投资建设，完善运营与服务的保障制度、建设流程与建设安全的信息保障和监管
智慧灯杆应用服务供应商	提供创新性、开放性及共享性的应用服务和行业应用服务，满足未来 5 ～ 10 年行业发展需求的应用服务供给与开发

　　智慧灯杆产业链包含价值链、企业链、供需链和空间链 4 个维度，把一定地域空间范围内的断续或孤环形式的产业链串联了起来，并将已存在的智慧灯杆产业链向上下游拓展延伸。智慧灯杆产业链包括挂载硬件设备及软件供应商、系统集成商、基础设施运营提供商和应用服务提供商，涵盖行业的范围较广，既能实现传统产业转型升级，又能集成新一代信息技术产业。另外，智慧灯杆产业链中存在上下游关系和相互价值的交换，在智慧城市运营中实现产业迭代和更新。

　　智慧灯杆下游行业主要由杆体与挂载设备供应商构成，其中又包含设备设计者、设备生产者、设备安装维护者，如表 7-2 所示。设备提供企业能提供全面的设备设计和生产服务，这些设备是智慧灯杆的建设基础，同时也是物联网产业发展的基石。

表 7-2　智慧灯杆设备供应商分类和主要职责

设备供应商	主要职责
设备设计者	主要包括传感器、各种组件的设计
设备生产者	主要包括传感器等观测设备及网络设备的生产
设备安装维护者	将应用设备、传感器等设备与其他终端硬件相结合，并完成规划和安装

　　设备供应商是智慧灯杆系统建设的物质基础，包括杆件基础、挂载设备及附属结构、感知设备、存储设备、网络传输设备、云计算处理设备和终端显示设备等，涵盖设备设计商、生产制造商及设备安装服务商等多领域行业。

　　智慧灯杆中游行业主要由智慧灯杆服务提供商构成，主要包含智慧灯杆需求软件与应用开发、设备信息集成及数据传输、大型运营管理中心云计算和云存储服务3种需求功能服务，如表7-3所示。

表 7-3 智慧灯杆服务供应商分类和主要职责

服务供应商	主要职责
需求软件与应用开发	针对特定行业的企业，提供专业性的软件产品及解决方案
设备信息集成与传输	将传感器等观测设备获得的信息进行整合，传输给计算机
大型运营管理中心云计算和云存储	对所有信息进行运算，向各服务提供者输出其所需的数据

服务供应者是直接面对智慧灯杆挂载需求用户的一个环节，是智慧灯杆应用价值的最终实现者。而上游行业的网络提供商、运营供应商作为产业链的纽带，同样也是不可缺少的一环，其关系如图7-3所示。

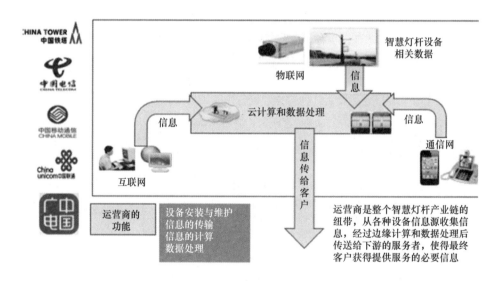

图7-3 智慧灯杆网络供应商及运营供应商产业关系

智慧灯杆运营商包括网络供应商（电信运营、互联网服务商、广电网服务商）、运营供应商。运营服务是智慧灯杆行业收益最大的产业。目前存在的问题是包括政府部门在内的智慧灯杆多家需求方独立运营与管理，不愿公开和分享业务数据，导致"信息孤岛"现象的存在。未来，运营供应商的数据运营服务将从行业纵向应用向横向扩展，海量数据处理和信息管理需求将催生智慧灯杆运营服务提供商巨头。

表 7-4　智慧灯杆网络及运营供应商分类和主要职责

服务供应商	主要职责
网络供应商	智慧灯杆挂载设备数据的传输承载网络服务商，包括互联网、移动通信网、物联网等
运营供应商	为智慧灯杆用户提供统一的终端设备挂载、租赁服务计费等服务，实现终端接入控制、终端管理、数据运营管理、行业应用管理、业务运营管理、平台管理等服务

2. 市场规模与发展分析

1）智慧灯杆市场规模分析

从目前我国的市场发展状况来看，智慧灯杆的市场增速明显但整体规模依旧不大，参与智慧灯杆的相关企业鱼龙混杂，出于资本市场逐利出发点考虑，虽参与企业数量逐年增多，但是行业水平良莠不齐，参与类型和方式多样，发展规模和前景各有千秋。

当前国内外智慧灯杆建设处于初级阶段，2014年初我国开始逐步有企业涉足智慧灯杆相关产业，到2018年进入智慧灯杆示范建设阶段，国内建设规模达到6500根，智慧基础设施行业市场整体规模尚处于初级阶段，如图7-4所示。

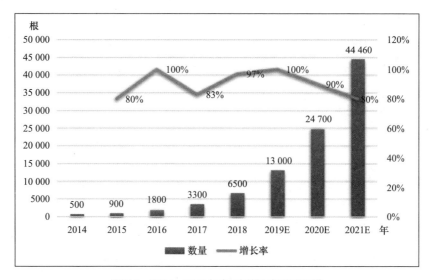

图7-4　2014—2021年中国智慧灯杆建设规模

随着智慧城市与5G技术相关商业化推进与发展，智慧灯杆作为具备搭载5G基站先天性优势的基础设施载体，预计在未来3～5年将成为发展5G通信相关应用场景的关键基础设施，伴随而来的是智慧灯杆在不同应用领域的渗透作用。

2）智慧灯杆企业市场化发展

近几年参与智慧灯杆布局的企业数量逐年递增，随着我国智慧城市的发展，不断有新的企业与资本注入智慧灯杆行业中来，涉及"智慧化"基础设施领域的企业达到数百家，综合目前国内市场化需求与行业发展来看，能够有实际建设能力和实际业绩效果的企业寥寥，随着智慧灯杆行业规范与行业标准不断成熟，智慧灯杆最终行业形态会形成资本集中度较高的现象，部分无核心竞争力的企业将会退出行业竞争或者被吞并，行业数量级出现下降，智慧灯杆项目建设份额将会集中在少数寡头企业。

早期企业多样化介入有助于智慧灯杆的项目推广与宣传，不同行业与单位发展方式各有不同。路灯行业主要以灯杆杆体和照明设备、控制设备为主要介入元素；通信行业主要以5G基站主设备、相关应用场景部署为介入点，推广智慧灯杆成为5G基站搭载设备的先天载体；工业控制与IT业主要以通信协议接口与网关、业务管理平台等集成化设备或IT服务模式为推广方式，介入智慧灯杆多需求的集约化管理；电力部门主要以外市电引入与设备功耗（5G基站主设备与充电桩显得尤为突出）等多因素导致的电力改造工程为契机介入；城市管理与其他市政相关部门则作为智慧灯杆统筹建设运营的管理者，收集与协调不同企业与部门关于行业的需求与建议。

3. 运营收支分析

1）运营收入分析

智慧灯杆作为智慧城市的基础设施载体、数据采集平台及新型市政管理和服务平台，具备基础设施服务、智慧应用功能及大数据服务能力，具有巨大的价值创造空间，正逐步形成一个新兴产业。

智慧灯杆运营收入来源主要包含7部分：一是用户付费项目收入，例如，5G宏基站/小微基站、WiFi设备、传感设备等搭载服务费，充电桩充换电服务费；二是维护项目收入，例如，路灯照明维护费、视频监控设备维护费、应急管理与一键求助设备维护费、传输管线维护费；三是一次性接入服务费，视频监控、5G宏基站/小微基站的各个点位在初次接入时，会收取一次性接入费；四是节能服务收入，智慧照明LED路灯相较于传统高压钠灯耗电量大幅减少，可获得节能服务收益；五是宣传广告收入，可通过信息屏发布政务宣传信息、商业广告或用户使用免费WiFi进行接入认证的时候可以弹出广告实现收益；六是扩展服务收益，例如，通过提供无人值守的智慧停车服务实现收益；七是商业数据运营收入，智慧灯杆是城市的道路、交通、行人、车辆、安防等信息采集载体，是城市脉络与信息流动的直接受体，随着智慧灯杆体系与规模扩大，收集相关大数据所带来的数据与信息增值服务将具备不可估量的市场价值与空间。

2）运营支出分析

智慧灯杆运营支出主要包含维护智慧灯杆所产生的人力费用、智慧灯杆设施维护运行和管理费、车辆和设备费等。智慧灯杆及相关附属设施包括智慧灯杆的杆体与各功能终端（含灯具、LED屏幕、监控摄像头等）、杆体内电线、低压电缆、电缆管线、手井、箱变（台变、配电柜）的低压侧设施维护、管养及电缆防盗、设施损坏的恢复、箱变护栏和灯杆杆体的刷新、箱变护栏内的清扫，以及完成以上工作的辅助工作所产生的相关费用等。

4. 运营模式对比分析

智慧灯杆建设项目按投资运营方式分为政府独立投资建设运营模式、政府融资政府运营模式、政府特许市场化运作模式和政府购买服务模式4种，如表7-5所示。

表7-5　智慧灯杆建设按投资运营主体划分的运营模式对比

运营模式	投资主体	建设主体	运营主体	模式说明
政府独立投资建设运营模式	政府	企业/政府	政府	政府直接投资和管理。资源的掌控力度较强，推进落地便利，但财政压力较大，难以形成体量，缺乏推广与创新利用价值
政府融资政府运营模式	政府	政府/合资企业	企业/政府	政府以融资形式吸纳一部分社会资本，注入投资建设过程，并赋予一定的运营权利，但融资过程跨度相对较长

（续表）

运营模式	投资主体	建设主体	运营主体	模式说明
政府特许市场化运作模式	政府/企业	企业	企业	政府与社会资本方共同建设投资，在一定运营周期内给予企业特许经营权，缓解政府财政压力的同时提高资源配置效率和企业市场化影响力
政府购买服务模式	企业	企业	企业	政府引领社会资本参与，投资保障有力，商业化强，但缺乏决策力度，建设审批流程较长

1）基于政府角度选择的运营模式

在选择智慧灯杆建设项目运营模式前，相关行业人员应以项目类型、项目属性为根据，选择与实际情况符合程度最高的模式。智慧灯杆建设在提高城市管理水平的过程中，多数离不开设备需求与杆体规划服务，应采取政府主导，企业为主体的运营模式。与此同时，智慧灯杆项目建设管理还需要充分发挥 BT、BLT、BOO 等模式的重要作用，在云计算中心和物联网感知设备等基础设施的需求服务中提升智慧灯杆建设运营管理的效率与质量，进一步为智慧灯杆建设运营的安全性提供保障。其次，政府要提升对适当引入民间资本的重视程度，经实践证明，达成与社会资本间的合作，不仅能使政府财政压力有效降低，企业运营管理能力与商业运作能力也能得到全面发挥。

2）基于企业角度选择的运营模式

首先，企业需明确其发展领域是否属于智慧城市基础设施建设的核心领域。实际上，智慧城市基础设施建设是一个工程量十分庞大的工程，目前，仍然面临许多问题和瓶颈，如信息条块分割、数据整合困难、数据缺乏清洗、信息孤岛现象严重等。面对这些困难和瓶颈，企业应发挥核心技术优势，向数据治理和智慧化管理云平台方向出击，获取政府扶持，从而共同推进智慧灯杆的发展。通常情况下，政府对通信、公共设施管理和市政基础服务项目的资金投入与扶持力度较大，企业在实际选择运营模式时，可以选择与政府合作投资的方法，通过BT模式、BLT模式及合适的PPP模式等，在有效吸引政府进行投资的同时，实现合作双方共赢的最终目的。

智慧灯杆的建设发展到现阶段，国家层面出台了许多政策和指导意见，设置了许多试点，顶层设计已经较为成熟，智慧城市基础设施建设部署得到了积极的推进，公共服务平台的应用也越来越广泛。在技术支撑方面，许多优秀企业，如腾讯、华为、中国移动等，在大数据、云计算、人工智能等方面都发挥出了卓越的水平。在智慧灯杆建设运营中，政府和企业分别扮演着不同的重要角色，即政府为主导，企业为主体，基于不同角色选择智慧灯杆建设运营模式。

5. 众包式运营与管理

众包是一个相对比较新的概念，也是当前比较有活力的新型运营管理研究领域之一。作为一种网络环境下的协同工作模式，众包在部分商业领域已经取得了一定的成功。随着社会信息化的推进，公众信息素养及生活环境均发生了巨大变化，在这种背景下，公众智慧这一宝贵的智力资源不容忽视，政府管理部门和智慧城市研究人员开始关注众包模式在智慧城市应用管理中的应用潜力。但在智慧城市基础设施资源管理中，如何利用和管理公众智慧资源是一种巨大的挑战。基于此，借鉴众包在其他领域的成功经验，结合智慧灯杆搭载需求，可以探索一种公众参与智慧灯杆运营管理的新模式。

随着移动互联网、智能手机、智能穿戴设备、大数据与人工智能技术等现代信息技术的流行和普及，公众参与智慧城市规划、管理又一次引起社会各界的关注。为了提高服务效果，各级政府部门纷纷在门户和社会化媒体平台提供公众参与入口，以提高公众对于城市发展建设的参与度。2006 年，Howe.J 首次提出众包的概念，他认为众包是非专业人士提供专业内容，消费者兼为内容创造者。也有学者提出，众包是通过网络平台，类似于大规模的群体头脑风暴，利用群体智慧来完成任务的一种方式，高校学者、专业机构、非营利组织或公司将不同知识背景的个人，通过灵活的公开征集方式发起的一项在线参与活动。虽然不同领域对众包的理解并不完全一致，但在线参与、用户激励及众包绩效评价等是众包的共性。

我们认为智慧灯杆建设初期应以地方政府为主导，以智慧城市建设和管理为应用场景，充分融入社会化媒体平台特征，构建了包含四要素的智慧灯杆运营管理众包概念模型，如图 7-5 所示。其中，政府部门是智慧灯杆众包项目的需求方；众包项目运营机构承担众包项目的分析、论证、设计和实施；社会化媒体是众包项目的实施平台；公众是众包项目的主要执行者，可参与智慧灯杆项目的运营管理。

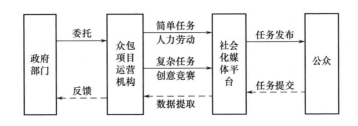

图7-5 公众参与智慧灯杆运营管理的众包概念模型

在图7-5中，政府部门即项目需求方，对应商业领域中的发包方。由于政府部门并不是专业的众包运营机构，所以，其经过初步需求分析后将众包项目委托给第三方机构，即专业的众包项目运营机构，该机构是众包项目的实施主体，其工作流程包括详细需求分析、众包项目论证、发起说明、任务描述、任务设计、任务实施、结果分析和结果反馈，在任务实施时，根据任务类型和用户模型调用匹配算法。在任务发布时，GOPP众包概念模型通过社会化媒体平台开展相应智慧灯杆项目。

公众参与智慧灯杆运营管理的优势有如下4个。

（1）提升智慧灯杆项目建设和运营管理中公众参与度。众包模式可以提升在智慧灯杆运营管理中公众参与的层次和深度。首先，智慧灯杆运营管理众包模式中参与者不受严格的时间和空间限制，尤其是随着移动设备的普及应用，众包模式可以利用公众的碎片化时间实现虚拟在线参与；其次，公众通过众包模式可以在一定程度上激发所在的城市市民对于参与城市发展的浓厚兴趣；最后，网络为非专家和非主流知识提供了一个不受身份和历史条件限制的创造性的表达机会，对部分人群而言，众包模式提供了一个难得的参与途径。

（2）提升智慧城市建设和管理的公众满意度。智慧城市建设和管理的最终目标是为居民提供更宜居的生活环境。通过众包模式，公众可以自由、便捷地参与自己关心的城市的建设和管理，可以随时随地查看问题解决的进展情况及相关图片，同时也可以看到历史记录，这在制定决策、制定规划、理解社会问题时更有效，管理更加公正、透明。公众参与程度越高，意味着结果会被更多人接受，规划和决策结果更具有说服力，还可以改变政务部门单位和公众之间的关系，提升服务质量。

（3）降低智慧城市基础设施建设和管理费用。和传统方式相比，众包模式可以大大降低公众参与智慧城市基础设施建设和管理的费用，如传统的公众参与需要交通、场地及其他各种保障条件，众包模式将公众参与通过网络平台开展，大大简化了公众参与程序，是一种通过挖掘和聚集公众的智力资源来实现低成本而又高效的一种业务模式。

（4）深度挖掘和利用公众智力资源。众包模式可以将非结构化的公众数据资源聚集起来，通过社会化媒体渠道将公众凝聚成强大的人力资源，不仅可以有效地利用和挖掘隐含在公众群体中的数据、知识、技能，用以收集、分析大量无结构化信息；还可以用来产生创意、创新、头脑风暴等。此外，由于参与公众还具有典型的多样性特征，所产生的结果更为全面，更有益于智慧灯杆的建设和运营管理。

7.3.3　运营模式案例分析

目前，我国智慧灯杆建设已逐步进入了一个较为火热的发展阶段，由最初的探索阶段向标准化、成熟化、系统化的建设过渡，由零星的城市试点工程向城市专项规划、系统建设的成熟阶段不断发展，结合我国国情与当地政府实际政策，适合我国智慧灯杆建设发展的运营模式主要有以下几种。

1. 官办官营：政府独自投资建设运营，类似于传统的投资运营模式

官办官营模式需政府独自投资建立运营模式，需要政府有较强的建设和运营能力。

模式介绍：政府负责智慧灯杆的投资、建设、维护和运营，部分需求免费提供挂载租赁使用，部分增值需求出租使用。智慧灯杆运营商提供相关支持，例如，可使用运营商已有的传输资源和电力资源，并负责运营维护。

盈利模式：政府将智慧灯杆的一部分挂载位置预留用于市政、照明、通信等基础服务；将挂载位置的一部分出租给通信运营商、充电桩等增值服务商，用于建设独立于民用的政务专用基础设施或公共服务。

优劣势分析：优点是政府对智慧灯杆项目工程的控制和运营的监管深入；缺点是政

府要承担建设费用和相应的工程风险，需要政府有建设和运营的相关专业能力。

2. 官管民营：政府只负责指导，委托智慧灯杆运营商建设并运营

模式介绍：政府进行主导和监督，进行投资，拥有所有权，由智慧灯杆运营商负责投资建设和运维。政府通过招标等方式委托一家或多家智慧灯杆运营商建设，投资方在建成后的一段时期内拥有该项目的经营权，政府对运营商提供的业务和租赁、使用等资费进行监管。同时政府将智慧灯杆设计、建设和运营的一系列工程项目转包给专业单位进行统一规划、设计、建设与维护。

盈利模式：以免费为主，政府给予智慧灯杆运营商一定的补贴，客户可以在有空余挂载空间的智慧灯杆上申请并获取设备安装位，用户可免费使用其相应基础服务。同时允许搭载部分广告显示屏、定制化交通服务等增值服务。

优劣势分析：优点是政府对智慧灯杆监管力度大。运营商可利用已有存量道路杆件、管井资源、运营经验、相关人才储备及资金优势，降低商业风险，增加前期收益。缺点是政府要承担建设费用和相应的风险，运营商对智慧灯杆规划和发展未来的可控性不强，不能明确有效地利用设备资源进行后续商业运作，并获取新的需求。

3. 官办民营：政府投资，智慧灯杆运营商建设并运营

模式介绍：智慧灯杆市场建立阶段，政府提供相关的扶持政策，智慧灯杆运营商利用已有资源、技术、产品等优势条件进行建设运营。

盈利模式：清楚划分商业增值业务和公共基础服务的界限，公共基础服务以免费为主；特定信息（如公共基础服务相关）和特定场景地点（如机场、广场、校园、体育馆等公共服务场所）都由政府买单，提供免费信息服务。商业服务获取资费，结合广告等增值服务获得市场化收入来源。

优劣势分析：优点是智慧灯杆运营商能通过灵活配置投资和收益模式来达到政府监管和企业运营的平衡。运营商获得对于需求规划和发展的清单，能更加有效地利用挂载设备资源，增加客户黏性；缺点是智慧灯杆运营商选取合作伙伴需要更加周密的考量和

协商过程。增加了商务合作风险，延长了投资回报周期。

4. PPP模式：政府为增强公共产品和服务供给能力，通过特许经营权、购买服务、股权合作等方式建立长期运营模式

模式介绍：政府和社会资本共同组建智慧灯杆项目运营公司，并在项目合作期内，由项目公司负责项目的投融资、建设、运营管理和维护等。

盈利模式：政府与社会资本成立的智慧灯运营管理公司以特许经营权、购买增值服务、股权合作等诸多形式进行利益分配与合作。

优劣势分析：优点是可以有效减轻政府当期的财政压力；充分发挥社会资本优势，有效提高智慧灯杆项目建设运营及资金使用效率；实现智慧灯杆与城市相关配套设施建设运营一体化，合理分担项目风险。缺点是政府与社会资本存在利益博弈，需政府方加强对社会资本方的履约监管；并且社会资本遴选过程较为复杂，对政府和社会资本双方的履约能力要求较高；静态财政支出总额相对较高；多个运营主体不能达到资源最优化配置等。

5. 民办民营：智慧灯杆运营商独立投资建设并运营

模式介绍：完全是社会资本提供资金并进行项目建设，政府对建设运营管理模式没有太多决定权，仅提供城市空间资源、基础设施相关政策支持或批文权限。

盈利模式：前后向收费结合，例如，运营商在公共热点地区提供无线网络接入服务，用户需要购买无线上网充值卡或者移动账户进行绑定扣费才能接入网络，但在会展中心、机场等重要对外场所，可由政府提供补贴，使用免费服务。

优劣势分析：优点是政府不承担智慧灯杆投资成本和风险，运营商可利用已有专业技术、客户资源、运营经验、人才优势和企业资金优势；缺点是政府对智慧灯杆的监管难以深入。

以上运营模式的典型案例如图7-6所示。

运营模式	代表城市	典型应用
政府独自投资建设运营	美国纽约 美国得克萨斯州	无线网络服务，提供基于无线网络的各种应用
政府指导，委托运营商建设	新加坡、中国香港、深圳、西安	数字城管、无线视频监控、移动执法等丰富的业务应用
政府投资、运营商投资建设运营	中国上海、厦门、广州	电子政务、城市应急指挥、远程医疗、气象预报等业务
政府牵头，政府、运营商共同投资建设的PPP模式	中国台北	提供基于WiFi的无线网络服务及无线网络的各种应用
运营商独立投资建设运营	美国费城 日本东京	提供基于WiFi的无线网络服务及无线网络的各种应用

图7-6　不同运营模式的典型案例

　　智慧灯杆在建设初期出现了多种运营模式并存的局面，随着产业链的成熟，盈利模式不断清晰，各方资本逐步进入，政府政策以引导为主，投资方作为有力补充，产业链中各个环节均参与到投资及运营中，政府及产业链上下游根据当时城市的建设情况，选择适合的运营模式，在运营过程中不断调整，最终达到产业链的一种平衡，如图7-7所示。

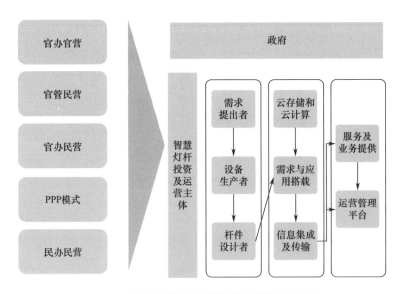

图7-7　政府与运营商在智慧灯杆运营模式中的作用

🔍 7.4 小结   ✛

我国在建设智慧灯杆的过程中，要发挥政府和市场两方面的重要作用，政府不能对智慧灯杆建设大包大揽，应在仔细认真调查研究的基础上提出在某个时期要达成的目标，关于建设内容及如何建设等具体细节问题应交由市场来完成。在筹措建设资金时，也可以积极争取各方面的资金，如中央资金、省政府资金及有意愿参与智慧灯杆建设的企业投资。

1. 利用互联网思维创新运营模式

采用互联网思维建设智慧灯杆，就是采用互联网的规律和手段来思考问题，智慧灯杆建设要以需求为本，以服务为核心，打造百姓满意的智慧型城市基础设施。引入互联网思维的盈利思路，创新智慧灯杆项目商业运营模式，对于可以市场化的项目，加强项目的商业运作模式可行性研究，增强智慧灯杆应用的自身造血功能，使项目落地后能快速满足相关需求，持续收回基础建设成本，例如，基础服务免费、增值服务前期降费，或者短期免费、长期收费，或者对集团业务优惠、转嫁收费等。运用大数据思维，将城市非涉密数据有条件地开放，鼓励企业基于开放的数据进行数据挖掘，挖掘出大数据背后的潜在价值，为百姓提供更为智能和便利的现代化服务。

2. 完善利益相关者协同合作机制

在政府层面，设立智慧灯杆专职统筹机构，加强国家层面的顶层设计。一是建议成立地方智慧灯杆建设领导小组，促进部委和省市县不同层级各部门之间信息共享和业务协同，制定国家层面智慧灯杆顶层设计制度，确定关键领域及 5G 相关应用场景的可实施研究方案。二是建议将智慧灯杆建设作为各城市的"一把手工程"。智慧灯杆建设涉及领域众多，需要部门之间统筹协作甚至跨行业、跨地域之间的联动合作，必须完善组织机制保障。同时，应坚持"问题导向"，明确城市定位和市民需求，科学设计重点建设方向。在企业参与方面，积极引导互联网企业参与，以"5G+"与"互联网 +"推进智慧灯杆建设。目前，国内互联网企业已在智慧灯杆领域开始布局。一方面，互联网平台企业基于自身生态体系扩展大量需求与服务功能，如支付宝和微信的人脸识别支付服务等功能；另一方面，巨头企业也开始推出智慧灯杆解决方案以及以此为核心的扩展应用和产品。互联网企业具备较强的优势，一是已有海量用户基础，已成为企业与用户的桥梁；二是汇聚海量数据的同时，兼具较强的大数据分析能力，可以为需求方提供相关技术服务；三是互联网思维与智慧灯杆建设以人为本的基本原则契合，有助于提升智慧灯杆实际应用水平和服务体验。因此，加强互联网企业在智慧灯杆建设体系中的角色十分必要。

在公众参与方面，将市民切实纳入智慧灯杆建设过程中。一是集众智、汇众力，以游戏化、众包、头脑风暴等方式促进市民参与智慧灯杆的规划、建设和运营管理；二是采取智慧应用体验馆等形式，让市民切身感受智慧灯杆系统应用的便民化服务与应用；三是将市民主观感受纳入智慧灯杆评价体系，实现智慧灯杆"以人为本"的价值归宿。

在服务机构方面，建设智慧灯杆服务创新平台与管理中心，协同推进智慧城市创新发展。一方面，推动以企业、政府、金融、咨询等第三方服务机构为重要要素的多元主体协同互动的网络创新模式，加强智慧灯杆相关专业领域知识创造和技术创新主体间的深入合作和资源整合。另一方面，推动跨学科、跨部门、跨行业组织深度合作和开放创新，加快推进智慧灯杆核心技术的协同研发、优化设计、统筹建设与应用推广。

3. 加强投融资运营，财政投入与社会投资并重

建立健全政府、企业等多方参与、市场化运作的投融资运营机制，一方面要以创新建设模式、提升服务效率、降低建设运行和管理成本、促进基础信息资源共享为目标，强化资金统筹使用和集约管理，突出项目重点和注重实效，统筹安排全省/市（区）的信息化专项资金用于智慧灯杆建设。另一方面要鼓励和吸引社会资本投入照明、交通、通信、市政、公安、环保等智慧灯杆搭载需求服务领域，形成多元化的智慧灯杆建设运营资金保障体系，营造全社会广泛参与智慧灯杆建设的良好氛围。例如，以"政府投资为引导，以企业投资为主体，金融机构积极支持，民间资本广泛参与"为基本原则，开拓

创新多元化、立体化的投融资模式，通过组建新型智慧灯杆运营公司，积极接触提供智慧灯杆建设中长期投融资的政策性金融机构，拓宽投融资渠道，通过项目融资，在一定程度上解决项目建设资金缺口。同时，要充分挖掘智慧灯杆建设过程中的可持续运营收益，并以智慧灯杆运营单位为主体，逐步拓展承建周边智慧灯杆建设项目，形成可持续发展的商业模式，保障智慧灯杆建设可持续发展。

4. 顺应PPP模式开放政策，大力推进PPP模式应用

PPP模式在国外智慧城市建设中的应用已经相当普及，我国政府在近期也不断发布政策文件，推动 PPP 模式在公共服务领域的应用，如《关于推广运用政府和社会资本合作模式有关问题的通知》、财政部《关于政府和社会资本合作示范项目实施有关问题的通知》和《关于在公共服务领域推广政府和社会资本合作模式的指导意见》等。

在此背景下，建议加快引导和推进PPP模式在智慧灯杆建设的试点应用和推广普及，促进智慧城市基础设施建设健康发展。通过 PPP 模式，一是建立智慧灯杆多元化投融资体系，以模式创新促进融资担保从政府信用向项目转变，吸引企业通过商业银行贷款、申请社会基金、发行企业债、项目收益债等形式积极参与智慧灯杆建设，拓展项目资金来源，提高资金流的稳定性。二是提高智慧灯杆专业化运营水平，通过吸引社会资本以PPP 模式参与智慧灯杆运营，发挥社会资源在项目管理、资金周转、服务质量提升等方面的专业优势，形成智慧灯杆项目长效化运营机制。三是提高智慧灯杆项目投融资效益，降低发展成本。PPP 模式在一定程度上能够释放智慧灯杆项目的市场宣传效应，拓展项目盈利空间，从而提高项目潜在收益，降低智慧灯杆整体发展成本。

5. 打造共享元素集散地，构建共享智慧城市

智慧灯杆是一个数量众多、位置优越、具备网络、天生带电的共享载体，可以作为共享元素集散地，发展政府共享经济业务，吸纳大众的、高频的、刚需的、痛点的利民业务，如共享雨伞、共享太阳伞、共享充电宝等。智慧灯杆与共享经济结合，不仅能起到便民利民的作用，同时还能为政府部门带来经济效益，且政府部门可通过对共享需求的使用类型、数量等大量信息进行大数据分析，为智慧城市规划提供辅助信息。

第 **8** 章

智慧灯杆应用案例

实践出真知，本章以成功落地并投入使用的项目案例来展现智慧灯杆的实践经验，将通过介绍交通道路、产业园区、住宅社区、商业步行街等不同应用场景实践案例，让读者更深入地了解智慧灯杆方案设计的思路和要点。

🔍 8.1 智慧交通应用案例 ✛

8.1.1 项目背景

随着发展5G、物联网及建设智慧城市的需求的增加，杆体的数量还将持续增加。智慧城市、智慧社会的基础和重要内容，就是以"一杆多用"为代表的智慧基础设施。通过传统杆件功能与信息化功能的融合，把路灯杆改造为多功能的智慧型路灯杆，实现一杆多用，为智慧城市建设服务。

本案例的道路改造项目工程全程路线总长10.26km。工程按城市主干路标准设计，全线分为两种断面形式。

（1）A支线段长5.8km，按城市主干路标准进行设计，双向10车道，其中主线双向6车道，辅道双向4车道。设计车速主线为60km/h，辅道为40km/h，路基总宽为69m，如图8-1所示。

本断面形式下，在中间的绿化带每隔40m建设一根高14m的对称双臂灯杆（2×200W），共约146根；在路两旁的绿化带中每隔20m建设8m/6m的高低双臂灯杆（80W/60W），共约569根，以满足道路照明要求。

（2）B支线段长4.46km，按城市主干路标准进行设计，双向6车道，设计车速为60km/h，路基总宽50m，如图8-2所示。

本断面形式下，在路两旁的绿化带中每间隔30m建设高14m/10m的高低双臂灯杆

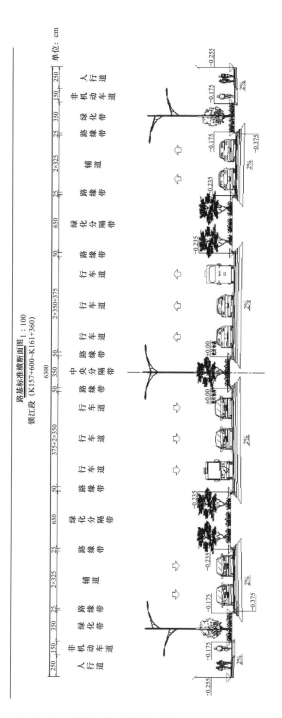

图 8-1 双向 10 车道断面

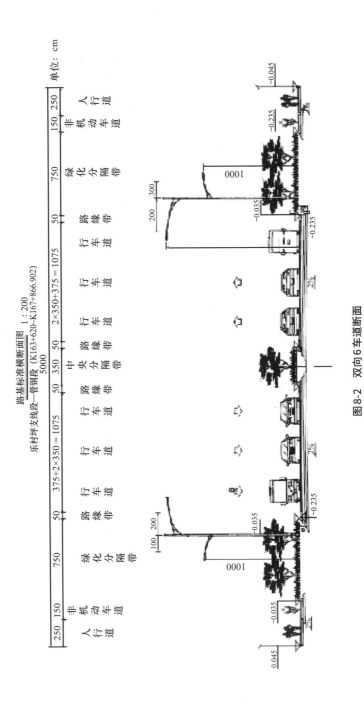

图8-2 双向6车道断面

（200W/80W），共约284根，以满足道路照明要求。

全程共有普通路灯杆999根，其中8m/6m杆547根、14m/10m杆284根、14m杆146根、15m泛灯22根，具体数据统计如表8-1所示。

表8-1 灯杆数据统计

原设计							
位置	上	中	下	上	下	上	下	合计
型号	8m/6m 杆	14m 杆	8m/6m 杆	14m/10m 杆	14m/10m 杆	15m 泛灯	15m 泛灯	
箱变 1	90	47	89			5	5	236
箱变 2	92	50	92			4	4	242
箱变 3	93	49	91			1	3	237
箱变 4				70	70			140
箱变 5				72	72			144
合计	275	146	272	142	142	10	12	999

该条道路改造后的智慧灯杆体的照明系统和原工程的照明系统保持一致，LED灯在额定电压和额定功率下工作时，色温范围为4000K±200K，主干道路面平均照度不低于30lx，人行道平均照度不低于20lx；灯具AC220V/DC24V直流电源驱动模块自带定时功率输出调整功能，深夜（开灯5小时后）降低LED灯具功率，按50%输出，进一步达到节能的效果。灯具前端接10kA的浪涌保护器，以避免冲击电流损害设备。

智慧灯杆体的照明控制系统和城市照明与信息中心的系统兼容，从而实现"四遥"功能。

本期工程暂定在替换后的智慧灯杆上挂载通信设备、公安监控、环境监测及一键求助4个功能需求，并预留好其他需求接入时所需的接电、接地及接信号线冗余，如表8-2所示。

表 8-2 建设项目案例的几种需求类型

序号	业务类型	运营方式	预计使用单位
1	通信设备	挂载 4G/5G 微基站通信设备，为市民提供移动通信服务	三家运营商
2	公安监控	挂载监控摄像头，为平安城市提供数据，服务于公安系统	公安部门
3	环境监测	挂载温度、湿度等环境监测组件，为智慧环保提供数据服务	环保局、气象局
4	一键求助（报警）	搭载一键报警设备，为平安城市、雪亮工程提供服务	公安部门

8.1.2 项目分析

1. 智慧灯杆规划

1）杆件间距设置分析

替换原则：在本期工程智慧灯杆上挂载的通信基站、公安监控、环境监测及一键求助 4 类设备中，通信基站对于覆盖间距要求较高，所以，本期智慧灯杆需求杆距总体上以通信基站的规划间距为基础。

在无线网络规划工作中，链路预算是评估无线通信系统覆盖能力的主要方法，是在通信系统中对发送端、通信链路、传播环境和接收端中所有增益和衰减的核算，估算信号从发射端成功传送到接收端的最远距离。图 8-3 所示为链路预算示意图。

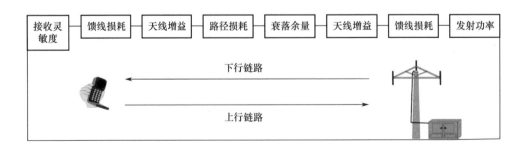

图 8-3 链路预算

2）覆盖半径计算

在本次链路预算中，通信设备拟采用常用微站设备（华为 Book RRU）结合道路覆盖模型参与计算。华为 Book RRU 基本参数如下：发送功率 2×5W；天线增益 11dBi，双极化天线；方向角水平 65°，垂直面 35°。

根据本次项目设备参数和链路预算参数，根据链路预算，在该道路场景下基站覆盖半径为 190m 左右。考虑小区切换和重叠区域 15% 冗余覆盖，通信基站站距约为覆盖半径的 1.8 倍，单网运营商站间距建议设置为 320m 左右。

由于各运营商之间的设备必须具备一定的垂直隔离度，单杆只能满足一到两家设备的挂载需求，所以，杆距最优为 160m 左右，如图 8-4 所示。

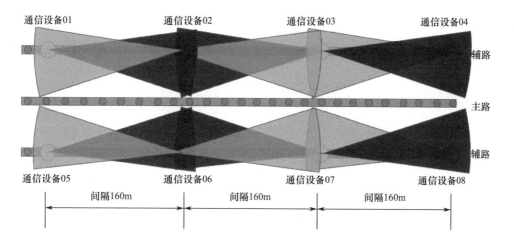

图 8-4　通信覆盖示意图

本项目对道路普通灯杆进行"一杆多用"的改造，对路两旁建设在绿化带里的普通路灯杆，间隔 160m 左右把原有路灯杆替换成智慧灯杆，共需改造智慧灯杆 148 根：其中替换 8m/6m 杆 76 根（其中整合信号灯和照明功能杆 8 根、整合电子警察和照明功能杆 8 根），替换 14m/10m 杆 56 根，替换 14m 对称双臂杆 9 根（其中整合信号灯和照明功能杆 8 根、整合电子警察和照明功能杆 1 根）；另外为满足电子警察单独需求新增 7 根杆体，不整合路灯功能，具体情况如表 8-3 所示。

表8-3　灯杆整合

灯杆型号	上：8m/6m双臂杆路灯（50W/20W）			中：14m双臂杆路灯（2×200W）				下：8m/6m双臂杆路灯（50W/20W）			14m/10m双臂杆路灯（200W/80W）
杆类	普通	红绿灯	电子警察	普通	红绿灯	电子警察	新增电子警察	普通	红绿灯	电子警察	普通
箱变1	9	2	1		3	1	2	9	1	2	
箱变2	8	2	3		5		5	8	3	2	
箱变3	13							13			
箱变4										28	14
箱变5										28	14

2. 各类型智慧灯杆杆体介绍

（1）原双臂普通路灯杆体与智慧灯杆杆体示意图如图8-5所示。

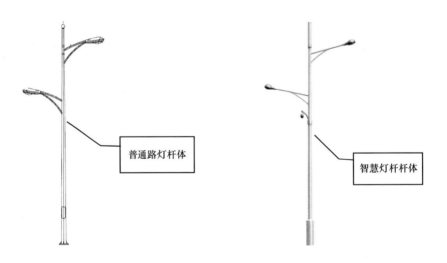

普通路灯杆体

智慧灯杆杆体

图8-5　原双臂普通路灯杆体与智慧灯杆杆体

（2）原普通电子警察杆杆体与相应智慧灯杆杆体示意图如图8-6所示。

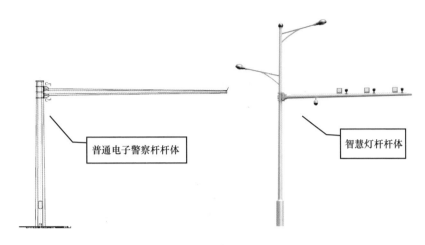

图8-6 原普通电子警察杆杆体与相应智慧灯杆杆体

（3）原普通信号灯杆体与智慧灯杆杆体示意图如图8-7所示。

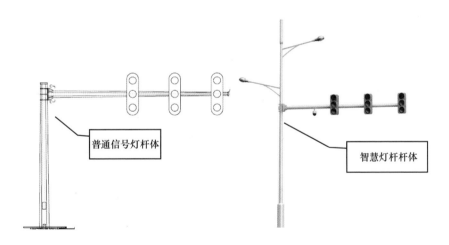

图8-7 原普通信号灯杆杆体与智慧灯杆杆体

3. 杆体及杆身细节介绍

1）模块固定方式

设备可采用滑槽卡扣、自适应抱箍、杆顶法兰盘等固定件安装，如图8-8、图8-9所示。

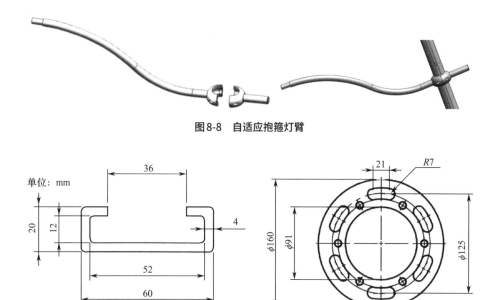

图8-8 自适应抱箍灯臂

图8-9 滑槽卡扣和法兰盘

2）预留端口封堵设计

预留的进线端口为防止雨水的进入，必须进行封堵。

（1）杆体的滑槽上预留的端口可开设螺纹孔，使用可拆卸的堵头螺丝进行封堵，如图8-10所示。

图8-10 杆体滑槽预留端口封堵设计

（2）顶部预留端口，使用橡胶垫+盖板形式进行密封，如图8-11所示。

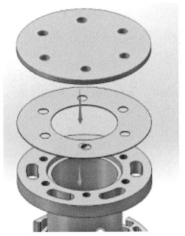

图8-11　杆体顶部预留端口封堵设计

其中杆体的滑槽式设计，挂载设备可根据需求自由上下调节，设置安装高度；杆体和顶部预留端口，可根据设备通过端口需求灵活布线，连接至设备端。

图8-12所示为滑槽式设计示意图。

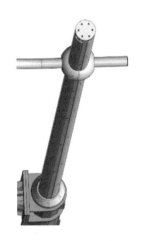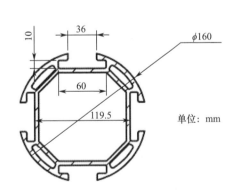

单位：mm

图8-12　滑槽式设计

3）杆体内部走线设计

智慧灯杆整合了多种功能，电缆、光缆、接地等线路同时通过杆体内部连接至设备，需要进行有效合理的线路空间规划设计，确保各设备的正常运行，以方便后期的功能扩展。

智慧灯杆杆体内部进行分仓设计，内部分为4个仓体结构，布线管道预留规划清晰。

（1）区域①供通信、监控等设施电缆布线使用。

（2）区域②供道路照明灯使用。

（3）区域④供通信、监控等传输光缆线缆布线使用。

（4）区域③供交通信号灯使用。

图8-13所示为杆体内部分仓示意图。

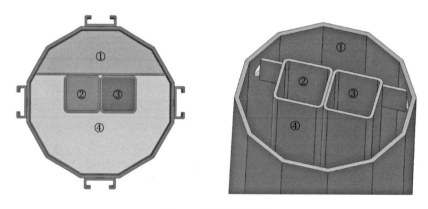

图8-13　杆体内部分仓

4）杆体检修门和特种漆

智慧灯杆杆体的检修门闭合后与灯杆形状相同，且具有防盗的铁链装置；离地2m以下智慧灯杆杆体在外层会喷上防粘特种漆，以防止广告粘贴，降低后期的维护难度。

4. 智慧灯杆杆体基础设计方案

1）基础设计说明

多功能灯杆基础根据国家相关规范要求，结合实际土质及地基承载力等情况进行基础基底承载力验算、基础抗拔稳定验算、基础抗倾覆验算，设计出相匹配的基础，使杆体在最大荷载作用下保持安全、稳定。

基础埋深：通过抗倾覆验算，设计适量的基础埋深来控制基础在弯矩作用下的偏心距，防止基础出现倾覆破坏。

基础宽度：通过抗拔稳定验算，设计适量的基础宽度来控制基础及其上覆土的自重，以抵抗基础拔力，防止基础被拔出。

基础板厚度：通过抗冲切验算，对基础材料及冲切力的情况设计基础底板厚度，以防止基础发生冲切破坏。

基础配筋：通过弯矩验算，对钢筋材料的屈服值和使用钢筋数量情况进行配筋设计。

2）杆体基础设计方案

原路灯杆与智慧灯杆杆体基础对比如图8-14至图8-16所示。

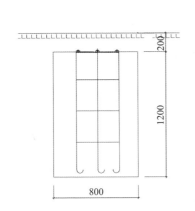
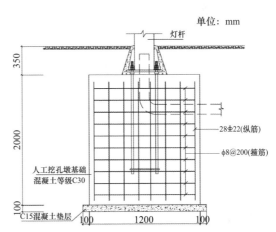

图 8-14　8m/6m 原路灯杆设计基础与智慧灯杆设计基础

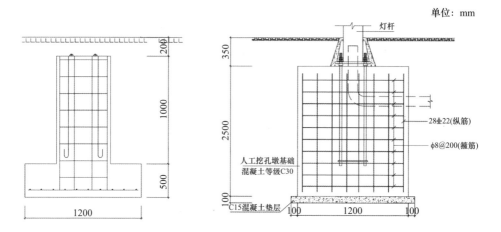

图8-15　14m/10m原路灯杆设计基础与智慧灯杆设计基础

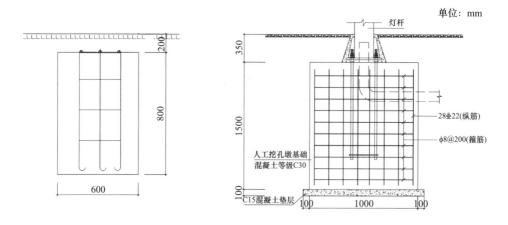

图8-16　原交通（监控）杆和与整合后智慧交通（监控）杆

5. 改造智慧灯杆用电需求

1）箱变需求情况

原箱变负荷情况：原路灯照明工程设计，共设置5个箱变，总功耗为192.21kW，对应的路灯回路功耗如表8-4所示。

表 8-4 路灯回路功耗

类型	回路1负荷（kW）	回路2负荷（kW）	回路3负荷（kW）	泛灯回路1（kW）	泛灯回路2（kW）
箱变1	6.30	19.60	6.23	3.00	3.00
箱变2	6.44	22.00	6.42	2.42	2.40
箱变3	6.50	19.60	6.40	0.60	1.78
箱变4	19.60	19.60			
箱变5	20.16	20.16			

加入原设计的其他负荷预留（交通监控、绿化用电、公交站台）约180kW后，情况如表8-5所示。

表 8-5 加入负荷预留后

类别	箱变1	箱变2	箱变3	箱变4	箱变5
视在功率（kVA）	160	160	160	160	160
有效功率（kW）	128	128	128	128	128
原路灯功耗（kW）	38.13	39.68	34.88	39.2	40.32
原预留功耗（kW）	42.52	43.60	42.70	25.23	25.95
总功耗（kW）	80.65	83.28	77.58	64.43	66.27
总负荷（%）	63%	65%	61%	50%	52%

改造智慧灯杆杆体后箱变负荷情况：智慧灯杆挂载通信、公安监控、广播等设施，杆件的照明和交通信号灯供电保留原设计，其他设备供电拟通过原有箱变改造后引入市电，本次新增功耗为143.76kW，对应的箱变的用电需求如表8-6所示。

表 8-6 箱变用电需求

类型	回路1负荷（kW）	回路2负荷（kW）	回路3负荷（kW）
箱变1	10.70	1.71	11.80
箱变2	12.30	2.85	11.20
箱变3	13.00	0	13.00

（续表）

类型	回路1负荷（kW）	回路2负荷（kW）	回路3负荷（kW）
箱变4	16.80	16.80	0
箱变5	16.80	16.80	0

改造后的功耗负荷明细如表8-7所示。

表8-7　改造后的功耗负荷明细

类别	箱变1	箱变2	箱变3	箱变4	箱变5
视在功率（kVA）	160	160	160	160	160
有效功率（kW）	128	128	128	128	128
原路灯功耗（kW）	38.13	39.68	34.88	39.20	40.32
原预留功耗（kW）	42.52	43.60	42.70	25.23	25.95
本次新增功耗（kW）	24.21	26.35	26.00	33.60	33.60
总功耗（kW）	104.86	109.63	103.58	98.03	99.87
总负荷（%）	81.92%	85.65%	80.92%	76.59%	78.02%

根据表8-7可知，改造后箱变负荷率在85.65%及以下，原设计160kVA的箱变容量可以满足新增负荷要求，无须改变。

2）电缆线径负荷情况

A支线杆间连接电缆为5×16mm²线缆，敷设了11 836m，此线缆最大载流量为79A；B支线杆间连接电缆为5×25mm²线缆，敷设了19 075m，此线缆最大截流量为101A；替换智慧灯杆后，原有线缆也可满足需求，如表8-8所示。

箱变1和箱变2是二期一标的设计范围，箱变3、箱变4、箱变5是二期二标的设计范围，用线缆的最大载流量来衡量每个回路的电流数据可得，负载率均为80.54%以下，说明原有线缆满足改造后的电流需求。

表 8-8 　电缆线径负荷

箱变	上 电流	中 电流	下 电流	5×16mm² 电流	5×25mm² 电流	上 负载率	中 负载率	下 负载率
箱变 1- 上回路	55.60	61.60	55.60	79	101	70.38%	77.97%	70.38%
箱变 1- 下回路	49.25	34.05	49.08	79	101	62.34%	43.10%	62.12%
箱变 2- 上回路	40.08	54.75	43.48	79	101	50.73%	69.30%	55.03%
箱变 2- 下回路	63.63	60.50	60.23	79	101	80.54%	76.58%	76.23%
箱变 3- 上回路	46.78	24.00	46.78	79	101	46.31%	23.76%	46.31%
箱变 3- 下回路	49.20	25.00	51.85	79	101	48.71%	24.75%	51.34%
箱变 4- 上回路	66.00		66.00	79	101	65.35%		65.35%
箱变 4- 下回路	64.60		64.60	79	101	63.96%		63.96%
箱变 5- 上回路	66.00		66.00	79	101	65.35%		65.35%
箱变 5- 下回路	57.60		57.60	79	101	57.03%		57.03%

3）电路控制和计量建议

原照明工程路灯电路控制方式，由箱变控制全路段照明分时段的开启和关闭。改造后智慧灯杆需要24小时不间断供电，可通过增加单灯控制器加浪涌保护器的方案实现供电安全分路控制。

智慧灯杆杆件从路灯电缆引电，每根路灯增加单灯控制器，对路灯实现定时控制，其他设备24小时不中断供电；在智慧灯杆上安装"智能电度表"装置，实现数据计量、传输、管理。另外，原路灯设计用电为三级负荷，为满足通信用电要求，要求改为二级负荷用电。

6. 防雷接地设计

本期智慧灯杆杆体替换后的防雷接地设计和原方案保持一致，具体如下。

（1）变压器的防雷、接地及等电位连接：箱式变电站的高、低压线路的输入输出侧及道路照明配电箱的输入侧分别装设避雷器。箱式变电站中性点工作接地电阻不大于4Ω，当达不到要求时需增设人工接地装置。变压器的箱体内应设专用接地导体，该接地导体上应设有与接地网相连接的固定端子，其数量不少于两个，并应有明显的接地标志。变压器的高压配电装置、低压配电装置和金属支架等均应有符合接地技术条件的接地端子，并与专用接地导体可靠地连接在一起。对变压器常态非等电位部位全部实现高压瞬态等电位连接，包括在变压器高压侧和低压侧分别安装高压、低压避雷器各3只，所有避雷器与中性线、箱式变压器壳和其他金属的支撑件共同接地。

（2）采用TN-S接地系统，路灯的防雷接地、路灯灯杆的保护接地线共用同一接地体，路灯配电线路五芯电缆中的一根电缆作为接地线，杆座砼基础主配筋及灯杆地脚螺栓在地下部分全部焊连成一个电气整体，接地端子引出地面，所有路灯基础连成一体，形成接地网。本系统铜铁连接处应采用过渡连接端子，若端子难以取得，可在接续处涂至少3遍沥青漆防腐。与工作接地网焊连后的总接地电阻宜小于4Ω，高土壤电阻率地区可放宽至焊连后小于10Ω。在不能满足要求的情况下，应考虑设专用接地网或人工接地体。

（3）所有设备外露的可导电部分均应与接地干线可靠连接。

7. 智慧灯杆传输管道及手井设计

改造后的智慧灯杆需沿灯杆路径设置传输管道和手井，用于敷设机房至手井及手井之间的连接段的传输光缆，共需新增 ϕ110 PVC管约25km，手井270个，间隔约80m。智慧灯杆杆件传输光缆通过新增管道连接至设备机房，不占用道路原设计传输管道。

传输管道及手井连接示意图如图8-17所示。

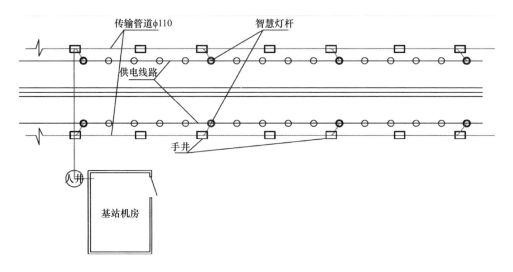

图8-17　传输管道及手井连接

智慧灯杆杆件传输管道手井尺寸设计为500mm×400mm，埋深为1000mm；手井盖外观设计根据周边绿化环境配置，采用覆土、绿植等美化设计，使用标桩注明位置。

8. 智慧灯杆机房需求

本工程拟设置10个2m×3m的美化设备机房，统一放置本路段在智慧灯杆杆体上有需求的后台设备；每个机房覆盖1km左右，具体实施位置需与规划部门协调确认。

9. 设计方案总结

本工程共需改造智慧灯杆148根：其中替换8m/6m杆76根（其中整合信号灯和照明功能杆8根、整合电子警察和照明功能杆8根），替换14m/10m杆56根，替换14m对称双臂杆9根（其中整合信号灯和照明功能杆8根、整合电子警察和照明功能杆1根）。另外，为满足电子警察单独需求新增7根杆体，不整合路灯功能；新增10个2m×3m的美化设备机房；新增270个手井（500mm×400mm），新增25km ϕ110 PVC管道连接至设备机房，如表8-9所示。

表 8-9　设计方案

	新增物资	数量 / 根		新增物资	数量
杆体变动	普通智慧灯杆	116	传输管道变动	手井	270 个
	信号灯复用杆	16		ϕ110 PVC 管	25km
	电子警察复用杆	9		机房（2m×3m）	10 个
	新增电子警察杆	7		—	—
	合计	148		—	—

8.1.3　项目总结

改造后的智慧灯杆采取模块化建设，可挂载报警、监控、气象、基站、广告、广播等多项功能，所有功能按模块集成，根据不同需求，可自由组合相关模块。

同时道路 4 个路口的信号灯杆及电子警察杆，也通过与路灯杆进行整合，改造为智慧灯杆，在保证原有需求的情况下，也可实现挂载业务，达到一杆多用、共建共享的目的，项目实施后道路减杆率达 24%。

建设效果如图 8-18 所示。

图 8-18　道路智慧灯杆建设效果

○ 8.2　智慧社区应用案例　　　　　　　　　　十

8.2.1　项目背景

　　随着信息技术的不断发展，城市信息化应用水平不断提升，智慧城市建设应运而生；"智慧社区"建设是将"智慧城市"的概念引入社区，以社区群众的幸福感为出发点，通过打造智慧社区为社区百姓提供便利，从而加快和谐社区建设，推动区域社会进步。智慧社区是一种社区管理的新理念，是新形势下社会管理创新的新模式。智慧社区是指充分利用物联网、云计算、移动互联网等新一代信息技术的集成应用，为社区居民提供一个安全、舒适、便利的现代化、智慧化生活环境，从而形成基于信息化、智能化社会管理与服务的新管理形态的社区。

　　如图8-19所示，规划试点区域为某新城，定位为商业中心、高端居住中心、生态中心，要打造国际水准的居住区。A、B、C、D为一期"智慧灯杆"试点路段，位于住宅小区中央的市政道路，为双车道道路，路宽约30m，试点路段全长约1100m。

图8-19　规划试点区域

8.2.2　项目分析

1.智慧灯杆及功能应用介绍

1）杆体设计

新材料：使用铝合金、高强度钢材料，圆杆整体挤压拉伸制作而成。

集成度高：集成各类物联硬件，能够节约用地、电力等资源。采用一体化的管理平台，将灯杆内各设备功能模块实现"嵌入式集成"，由统一的管理平台进行管理，同时根据实际应用场景实现各个功能模块之间的联动。

工艺新颖：根据不同地域特色，设计不同造型，阳极氧化工艺加工表面，防腐蚀、防变色，坚固耐用。

扩展性强：采用模块化设计，灯杆承载力可达到200kg，后期可随意加装扩展设备，可快速加装、更换、拆卸。预留其他接口，便于将设备连接到其他管理部门。

设计要求如下：

（1）可抗国家气象部门监测的近50年最大风压0.75kN/m²。

（2）灯杆底部壳体采用非金属材料制作，万伏绝缘，保证灯杆24小时带电后安全使用。

（3）强弱电分离，预留12V和48V标准供电接口，保证供电安全可靠，设备维护时可带电拆卸，不用断电，以免影响其他设备运行。

（4）强弱走线分离，保证信号的互不干涉。路灯电箱内部强弱电分离。每种设备独立供电控制，避免相互影响。

（5）采用断路、熔断、漏电、防雷、接地保护措施。

（6）配电箱防水、防虫、防尘设计，接口采用防水接头，灯杆内部进行防水设计。

（7）采用防盗终端、防盗扩展模块、箱门防盗开关等安全设计。

2）智慧灯杆示意图

智慧灯杆A杆型：高12m，可搭载照明、通信设备、交通信号灯、路牌、导向牌及监控等设施。预留接口，其他设施可根据需要搭载，如图8-20所示。

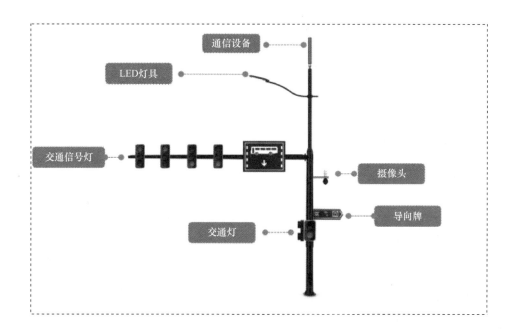

图8-20　智慧灯杆A杆型

智慧灯杆B杆型：高9～11m，可搭载照明、通信设备、LED彩屏、监控等设施，预留接口，其他设施可根据需要搭载，如图8-21所示。

（1）智能网关。智能网关可实现智慧灯杆前端路由汇聚功能，灯控、监控、广播、WiFi、信息发布、交互、应急求助、环境监测可通过网线接入智慧灯杆物联网网关，从而通过光纤接入管理平台。图8-22所示为场景应用拓扑图。

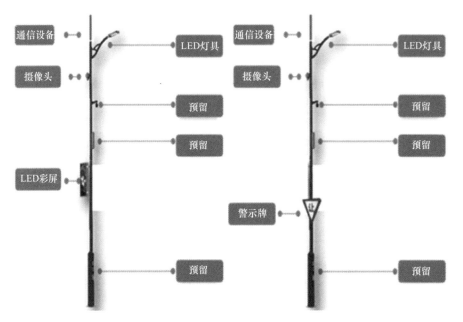

图8-21 智慧灯杆B杆型

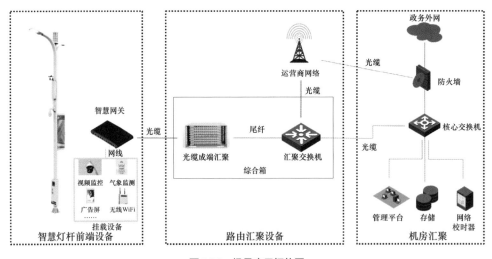

图8-22 场景应用拓扑图

（2）光电盒。光电盒拥有光电一体的功能，市电和光缆两路接入，内置ONU，多路输出，可实现网络通信、电源分配、电能计量、远程控制、光分路等功能。图 8-23 所示为光电盒应用场景。

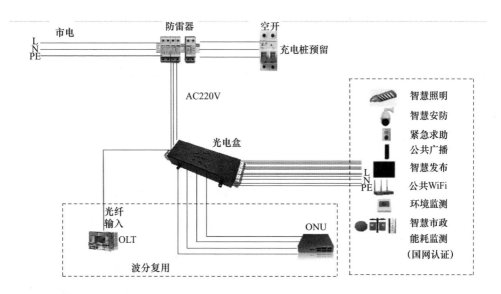

图8-23　光电盒应用场景

3）智慧灯杆功能应用

智慧灯杆主要分布于试点道路两旁，本期智慧灯杆试点工程应用主要包含智慧照明、通信基站、智慧安防、LED信息发布屏、智慧交通等，其他可扩展功能如智能感知、一键呼叫、公共广播、公共WiFi等，后期工程如果有需求可以增加，扩展功能由智慧灯杆试点小组确认。

（1）智慧灯杆基础功能。

① 智慧照明。智慧照明是现代城市照明的发展趋势，通过智慧照明的建设，可以实现对道路路灯照明的功率调整、单灯控制、远程控制，有效地节能降耗，节省试点区域的电力成本；数据实时采集、故障自动报警等功能可以减少路灯管理部门的路灯管理维护成本，提高工作效率，提升路灯管养水平。

② 通信基站。为了缓解通信容量需求不断上升与通信基站建设密度不够的矛盾，改善信号覆盖状况，利用灯杆架设基站将是一个有效的措施。本方案是以城市路灯杆体为载体，将通信基站天线融合到杆体中，形成节约资源、外形美观、集成度高的新一代移动通信基站。

③ 智慧安防。视频监控系统属于现代城市治理必不可少的基础设施，在打击犯罪、治安防范、建设平安城市过程中具有不可替代的作用。建设视频监控系统，是公安系统、公共安全视频系统的有益补充。除此之外，通过视频监控系统，实现交通流量的实时监测，进而开展智能化的交通诱导和停车诱导，有助于改善道路交通环境，提高交通运行效率，保障城市畅通有序。

④ LED信息发布屏。在智慧灯杆上设置LED信息发布屏，清晰度高、位置醒目，可实时播放社区信息，将社区建设、社区形象、旅游景点、文化品位等信息及时发布和宣传出去，使人们都能够直观全面地对当地的生活信息进行细致了解，打造城市社区名片。

LED屏可以智能播放社区停车场车位信息，方便游客停车；也可以通过后台远程推送环境信息，使游客时刻掌握天气与空气情况；同时还可以播报一些商业信息，有一定的商业推广价值；遇到突发情况，可以联动智慧灯杆上的智能广播等模块，及时在社区内播报应急信息、社区内安全等级。

⑤ 智慧交通。基于智慧灯杆整体设计，针对交通灯进行定制化，把交通灯、路灯、交通指示牌、交通监控摄像头及信息发布LED屏等物联网设备进行整合，结合智慧社区平台的信息资源，后期可实现智能化的交通指挥、道路指示、违章抓拍等功能，减少杆体重复建设，提高社区基础设施建设的集约化水平，优化社区空间结构和管理格局。社区智慧交通系统的建设能让驾驶人员在社区内通过智能引导系统安全、快速地到达目的地，通过合理的交通指挥和配套设施，让城市社区成为方便快捷的宜居、宜业、宜创新的智慧社区。

(2) 智慧灯杆可扩展功能。

① 智能感知。通过增设传感器，道路照明设施即可对周围环境进行检测，实现道路照明设施的智能感知，在本方案中主要实现的城市道路智能感知有PM2.5监测、温湿度监测、噪声监测、井盖监测。在遍布全路的路灯杆上安装相应检测仪，就可以持续、实

时监测全路各区域数据。由灯杆将监测信息上报到管理平台，管理平台即可汇总当前的PM2.5值、温湿度、噪声、井盖异常情况，为相关部门的工作提供依据。

② 一键呼叫。对道路照明设施统一编码，为每个道路照明设施分配唯一的编码，通过编码精确识别单个道路照明设施的身份信息和位置信息。根据需要为若干道路照明设施增加求助按钮。当遇到紧急情况时，市民可直接走到该道路照明设施旁，按下求助按钮，与求助中心人员进行视频通话，包含位置信息的求助信息将会直接发送到管理平台，同时该道路照明设施附近的监控摄像头立刻拍摄现场的实时视频，并传回管理平台，供管理人员处理使用。

③ 公共广播。实现自动/手动播放背景音乐、寻呼广播、业务广播；当发生紧急事件时，系统将广播权强行切换到紧急广播状态，并进行远程指挥，紧急广播具有最高优先控制级别。

④ 公共WiFi。随着网络和移动互联网的高速发展，城市居民对物联网的使用越来越广泛，需求也越来越高，更多人都希望在城市主要区域，如城市道路、公交站台、街区、景区、广场等使用免费的网络服务。目前国内已经有部分地区试点进行了无线WiFi的部署，主要是面向公众的WiFi使用需求。

2. 建设方案

本方案试点路段全长约1100m，分3个路段，共布置智慧灯杆68根。规划十八路（双车道）布置12根（11m智慧灯杆），按25m间距单边布置；一路西侧（双车道）布置11根（9m智慧灯杆），按25m间距单边布置；二路西（四车道）布置45根（10m智慧灯杆43根、12m智慧灯杆2根），按22～35m间距双边布置。新建一个简易机房作为综合机房。

简易机房位于开拓二路西中间绿化带，考虑经济性、便于维护性，需充分设计可利用空间，拟建设10m²左右的简易机房。

光缆管道与电缆管道合建，采用4～8根φ110 PVC管，每根路灯杆处设手井，预留管道布放线缆线管至路灯集中布线器。

图8-24所示为某社区智慧灯杆点位图。

图8-24　某社区智慧灯杆点位图

通过本次智慧灯杆试点项目的建设，可实现社区内无线通信、智慧照明、信息发布、智慧安防、智慧交通、智慧浇灌、智慧停车及智慧抄表等功能。

建设期为4个月，功能可按需求同步或分期配备。

总体建设效果如图8-25所示。

图8-25　总体建设效果

1）规划设计原则

合法性原则：智慧灯杆建设方案尽可能保证合法性，避免因为报建手续不全留下安全隐患，对网络造成不利的影响。

安全性原则：方案所采用的设备、材料、安装工艺应满足长时间抗震、防风、防雷、防火、防水、防潮、机房载荷及防盗的要求。

技术性原则：在采用智慧灯杆建设方案时，应满足该站点的网络建设目标要求。

维护性原则：在采用智慧灯杆方案时，应考虑今后网络优化和网络维护的需要，便于对设备和天线的安装、调整、更换。

经济性原则：在采用智慧灯杆建设方案时，应结合具体环境，在满足安全性原则、技术性原则、维护性原则和业主要求的前提下，选用通用性强、结构简单、造价最低的方案，降低网络建设成本。

实施性原则：所采用的智慧灯杆建设方案应便于施工，易于实施。

长期性原则：所采用的智慧灯杆建设方案应考虑耐高温、耐腐蚀、耐紫外线的需要，能够长期为通信网络及其他市政功能服务。

扩容性原则：在保证智慧灯杆现有系统的使用和各项技术指标不受影响的前提下，能满足所有方的后续扩容需求和其他市政部门的共享需求。

2）统建及合杆原则

项目设计应符合国家、行业及地方现行的有关设计标准和规范要求，并应经过相关主管部门批准。

（1）统建原则。目前除社区治安视频监控外，其他杆体并未建设，在满足业务功能要求和结构安全的前提下，环境监测、扬尘监测、通信设备及交通指示牌等设施应利于智慧灯杆设置。智慧灯杆已按照统建原则做了以下预留。

① 三大通信运营商：每隔200m预留一根智慧灯杆，供通信运营商使用。

② 交通指示牌：在路口、路中位置预留智慧灯杆，供交通指示牌使用。

③ 交通灯：在路口位置预留智慧灯杆，供交通灯使用。

④ 视频监控：在路口、小区出入口位置预留智慧灯杆，供视频监控使用。

⑤ LED屏：每3根智慧灯杆预留一个位置，供LED屏安装使用。

（2）合杆原则。

① 道路照明灯杆作为道路上连续、均匀和密集布设的道路杆件，应作为各类杆件归并整合的主要载体。

② 按照"多杆合一"和"多头合一"的要求，对各类杆件、配套管线、电力和监控设施等进行集约化设置，实现共建共享、互联互通。

③ 智慧灯杆及配套设施应合理预留一定的荷载、接口和管孔等，满足未来的使用需要。

④ 应采用新材料、新工艺和新技术，减小智慧灯杆杆径和体积，提高设施的安全性及安装、维护和管理的便捷性。

（3）相关设施整合。智慧灯杆上可搭载的治安监控、交通监控等各类摄像头及指示、禁令、警告、作业区、辅助、告示、旅游区标志等各种标牌，应优化整体设计，小型化、减量化。

智慧灯杆布设应以设置要求严格的市政设施点位（如交通信号灯和电子警察等）为控制点，为后期需要建设的其他杆件进行预留，同时调整上下游杆件间距，整体布局。

整合后的智慧灯杆应分层设计。

高度0.5～2.5m：适用于检修门、仓内设备等设施。

高度2.6～5.5m：适用于路名牌、小型标志标牌、行人信号灯等设施。

高度5.6～8m：适用于机动车信号灯、监控、道路指示牌、分道指示标志牌、小型标志标牌等设施。

高度8m以上：适用于照明灯具、通信设备等设施。图8-26所示为合杆建设示意图。

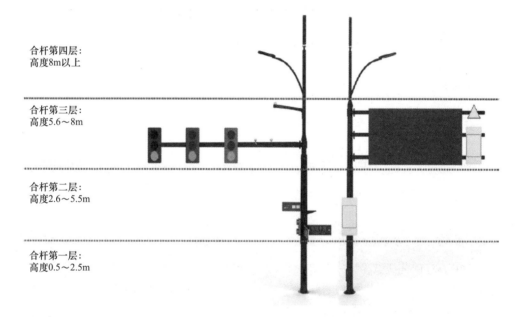

合杆第四层：
高度8m以上

合杆第三层：
高度5.6～8m

合杆第二层：
高度2.6～5.5m

合杆第一层：
高度0.5～2.5m

图8-26　合杆建设示意图

3）项目建设方案

（1）智慧照明方案。

多功能智慧路灯系统应参考现有市政路灯杆设计，并综合考虑设备工作环境、安装空间、承重、整体安全性、稳定性等因素，并应符合CJJ 45—2015中4.2、GB 50174—

2017中5.1、YD/T 1429—2006中附录C、DB44/T 1898—2016中4.2与第5章、《信息技术设备的安全》（GB 4943）的相关规定。智慧灯杆系统的总体设计应符合CJJ 89—2012中2、3、5、6的相关规定，并应符合下列要求。

① 预留设备安装空间，预留杆柱内部穿线空间。

② 预留配套传输线缆位置。

③ 设备连接件设计具备灵活性。

④ 构造形式适应批量大规模制造生产要求。

多功能智慧路灯系统的照明要求应符合CJJ 45—2015中3、4、5的相关规定。多功能智慧路灯系统应具备互联互通的能力，系统运行过程中产生的数据及挂载设备采集的数据应提供标准访问接口。多功能智慧路灯系统应至少能够在下列环境条件下正常工作。

① 温度：$-20℃\sim85℃$。

② 湿度：相对湿度不大于95%。

③ 风压：$\leqslant 0.75\text{kN/m}^2$。

④ 盐雾：$\leqslant 5\%\text{NaCl}$。

灯杆设计高度宜包含4～15m全系列，能满足庭院景观照明、市政道路照明等不同场景需求。灯具及其附属装置的选择应符合CJJ 45—2015中4.1、4.2的相关规定。其中，机动车交通道路照明标准值应满足以下要求：

① 设置连续照明的机动车交通道路的照明标准应符合道路照明的相关技术要求。

② 在设计道路照明时，应确保其有良好的诱导性。

③ 在同一级道路选定照明标准时，应考虑城区的性质及规模，本项目可选择表中的高档值。

④ 对同一级道路选定照明标准时，交通控制系统和道路分隔设施完善的道路，宜选

择表中的中档值，反之宜选高档值。

表8-10所示为机动车交通道路照明标准值。

表 8-10　机动车交通道路照明标准值

级别		I	II	III
	道路类型	主干路	次干路	支路
路面亮度	平均亮度 L_{av}（cd/m²）	1.5/2.0	0.75/1.0	0.5/0.7
	总均匀度 U_o 最小值	0.4	0.4	0.4
	纵向均匀度 U_L 最小值	0.7	0.5	—
路面照度	平均照度 E_{av}（lx）维持值	20/30	10/15	8/10
	均匀度 U_E 最小值	0.4	0.35	0.3
眩光限制阈值增量 TI（%）最大初始值		10	10	15
环境比 SR 最小值		0.5	0.5	—

注：①表中所列的平均照度仅适用于沥青路面。若为水泥、混凝土路面，其平均照度值可相应降低约30%，根据本标准给出的平均亮度系数可求出相同的路面平均亮度，以及沥青路面和水泥混凝土路面分别需要的平均照度。
②计算路面的维持平均亮度或维持平均照度时应根据光源种类、灯具防护等级和擦拭周期确定维护系数。
③表中各项数值仅适用于干燥路面。
④表中对每级道路的平均亮度和平均照度给出了两档标准值，"/"的左侧为低档值，右侧为高档值。

交会区照明标准值，即主要供行人和非机动车混合使用的商业区、居住区人行道路的照明标准值应符合表8-11所示的规定。

表 8-11　人行道路照明标准值

夜间行人流量	区域	路面平均照度 E_{av}（lx）维持值	路面最小照度 E_{min}（lx）维持值	最小垂直照度 E_{vmin}（lx）维持值
流量大的道路	商业区	20	7.5	4
	居住区	10	3	2
流量中的道路	商业区	15	5	3
	居住区	7.5	1.5	1.5

（续表）

夜间行人流量	区域	路面平均照度 E_{av}（lx）维持值	路面最小照度 E_{min}（lx）维持值	最小垂直照度 E_{vmin}（lx）维持值
流量小的道路	商业区	10	3	2
	居住区	5	1	1

注：① 最小垂直照度为道路中心线上距路面 1.5m 高度处，垂直于路轴的平面两个方向上的最小照度。
② 机动车交通道路一侧或两侧设置的与机支车道没有分隔的非机动车道的照明应执行机动车交通道路的照明标准；与机动车交通道路分隔的非机动车道路的平均照度值宜为相邻机动车交通道路的照度值的 1/2。
③ 机动车交通道路一侧或两侧设置的人行道路照明，当人行道与非机动车道混用时，人行道的平均照度值与非机动车道路相同。当人行道与非机动车道分设时，人行道的平均照度值宜为相邻非机动车道的 1/2，但不得小于 5 lx。

本项目试点道路为城市次干道，照明设计标准如下。

① 平均照度（维持值）不低于 15 lx。

② 人行道的平均照度值不低于 7.5 lx。

③ 照度均匀度要求达到 0.35 以上。

④ 亮度总均匀度要求达到 0.4 以上。

⑤ 道路照明的维护系数为 0.5。

⑥ 机动车交通道路的照明功率密度值不应大于 1.0W/m²。

路灯供电接入综合机箱预留的照明接电端子，通过平台可实现单灯控制等功能。

(2) 智慧安防方案。

该试点拟规划公安视频监控合建于智慧灯杆上，本次共规划 15 根智慧灯杆设置公安视频监控功能。由于公安视频的特殊性，视频的数据回传通过智慧灯杆预留的两芯光纤（裸芯）传回公安视频系统。平台不参与数据的回传，保证数据的隐蔽性和安全性。供电则用智慧灯杆提供的电源端子。

该试点路段的智慧灯杆建成后，小区开发商可考虑将小区内已建成的治安视频监控迁移至智慧灯杆上，经勘察共有15根小区治安视频杆符合合杆条件。视频数据可接入智慧灯杆的管理平台，可实现同步数据传输给小区物业管理平台。供电则用智慧灯杆提供的电源端子。

拟合杆情况如图8-27所示。

图8-27　拟合杆情况

（3）智慧交通方案。

该试点路段拟规划交通指示牌和交通灯合建于智慧灯杆上，结合原有规划十八路、开拓一横路西、开拓二横路西交通工程规划，本次共规划33根智慧灯杆设置交通标志牌功能，2根智慧灯杆设置交通灯功能。交通控制信号系统可提供两种接入方案：一是接回交通部门的控制系统；二是接入智慧灯杆的管理平台，通过平台再把数据传输给交通部门，这个环节根据交通部门的要求确定。供电则用智慧灯杆提供的电源端子。

拟规划智慧灯杆智慧交通点位如图8-28所示。

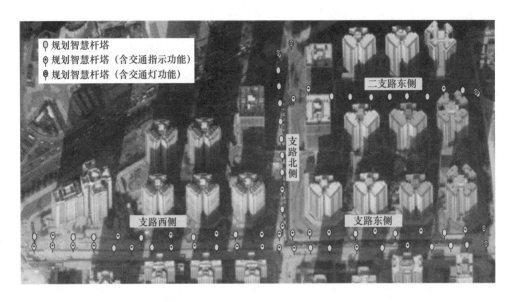

图8-28　拟规划智慧灯杆智慧交通点位

（4）LED信息发布屏方案。

该试点路段拟规划LED信息发布屏搭建于智慧灯杆上，本次共规划24根智慧灯杆设置LED信息发布屏。利用光纤与管理平台进行对接，管理部门可以在后台对信息发布屏远程发送信息。供电则用智慧灯杆提供的电源端子。

拟规划智慧灯杆（LED信息发布屏）点位如图8-29所示。

（5）移动通信基站方案。

为了缓解通信容量需求不断上升与通信基站建设密度不够的矛盾，改善信号覆盖状况，利用灯杆架设基站将是一个有效的措施。由于通信运营商拥有自己独立的通信网络，本方案只提供光纤通至综合机房。供电则用智慧灯杆提供的电源端子。经现场勘察该试点区域，结合周边基站布局情况，综合考虑运营商的需求情况，拟新增通信功能智慧灯杆布局如图8-30所示。

试点区域市政道路通过智慧灯杆的微型基站部署，满足小区外围的路面及沿街商铺的无线覆盖，满足5G演进，解决智慧小区无线通信、手机上网、"物联网+应用"回传链路等一系列问题。图8-31所示为网络覆盖示意图。

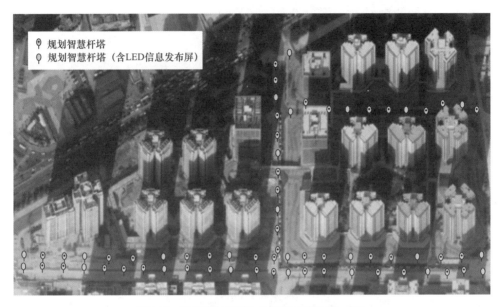

图8-29 拟规划智慧灯杆（LED信息发布屏）点位

图8-30 拟新增通信功能智慧灯杆布局

图8-31 网络覆盖

8.2.3 项目总结

本次智慧灯杆试点的建设，有利于实现建设智慧社区的目标。

（1）试点智慧灯杆的建设，有利于实现通信网络的优化覆盖，满足未来智慧社区海量的信息需求。

（2）试点智慧灯杆的建设，有利于通过信息化、智能化的方式提供更多便捷的服务和新的管理形态，使人们工作和生活更便捷、舒服、高效，可提前享受智慧生活带来的便利性。

（3）试点智慧灯杆建成之后，可提供整体的照明服务并实现道路的共建共享。通过"市政基础设施"+"通信基础设施"的共建共享发展，并与整体环境协调、美观，实现合理利用土地资源的目的。

（4）通过试点智慧灯杆的建设，深入探索我国智慧灯杆的建设运营模式、相关产业的带动模式、相关功能的整合方式并结合 5G 应用＋智慧社区研究的智慧灯杆布点方式等内容。

建设效果如图 8-32 所示。

图 8-32　智慧社区智慧灯杆建设效果

🔍 8.3　智慧园区应用案例　　　　　　　　　　　＋

8.3.1　项目背景

"智慧园区"是在智慧城市的基础上发展而来的，其通过融合新一代信息与通信技术，打造快速信息采集、高速信息传输、高度集中监控、智慧实时处理等高效管理服务能力，让园区具备透彻感知、全面互联、深入智能和智慧运营等智慧特征。本项目案例所在园区是一个集设计、科创、文旅、会展等多元产业发展于一体的综合性大型文化产业园区，项目建设目标是以智慧灯杆为载体、软件平台为支撑，实现园区照明、广播、视频监控、信息发布、无线WiFi、充电设施等各个系统集中化、智能化管理。

本智慧园区试点路段全长约180m，本期工程规划智慧型路灯杆5根，位于道路南侧，间距约30m，设计路灯杆体高度为9m；停车场两侧出入口，设计杆体高度为6m，本期工程规划其中两根为智慧型路灯杆。共建设7根智慧灯杆，1套室外一体化机箱。

本工程室外一体化机箱，位于智慧园区示范路段的西北侧，规划的7根智慧灯杆如图8-33所示。

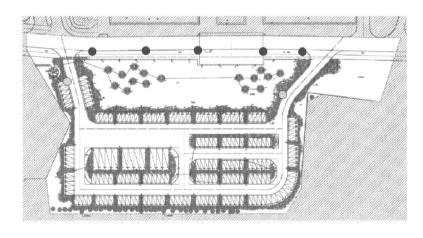

图8-33　智慧灯杆规划图

8.3.2 项目分析

1. 合杆方案

鉴于以前的市政道路路面情况，各种杆塔林立，同类杆件的重复建设及互不共享不仅严重影响市容，而且极度浪费宝贵的土地资源。另外，相邻杆件存在互相遮挡问题，影响驾驶人员及行人视线，造成相互影响使用。故本次智慧园区试点路段需整合相关道路杆件，并提前预留好杆塔空间供其他部门使用。

1）试点目前杆件情况

试点路段没有杆件，本智慧灯杆项目将进行合杆建设。

2）试点统建及合杆规模

规划试点智慧灯杆的统建及合杆情况如表8-12所示。

表 8-12　规划试点智慧灯杆的统建及合杆情况

序号	杆型	包含的功能
1	9m 杆	智慧照明、智能广播、通信基站、信息发布屏、环境监控
2	9m 杆	智慧照明、智能广播、通信基站、信息发布屏、视频监控、无线 WiFi
3	9m 杆	智慧照明、智能广播、通信基站、信息发布屏
4	9m 杆	智慧照明、智能广播、通信基站、信息发布屏、视频监控、无线 WiFi
5	9m 杆	智慧照明、智能广播、通信基站、信息发布屏
6	6m 杆	智慧照明、智能广播、信息发布屏（杆体标配）、充电桩
7	6m 杆	智慧照明、智能广播、信息发布屏（杆体标配）

2. 节能照明方案

本试点路段7根智慧灯杆照明采用新型LED节能灯具。为保持路灯照明回路的独立性，供电利用原路灯照明线路，从路灯电源节点引电，通过共享管道敷设一路电缆至路灯本体，并连接至路灯所控制系统。路灯的安装等需符合相关规定，并与相关部门详细沟通。

图8-34所示为7根节能路灯杆点位图。

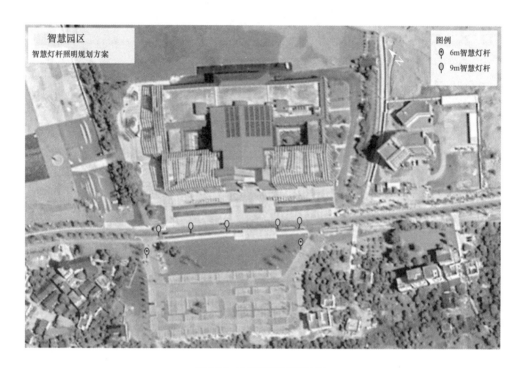

图8-34 7根节能路灯杆点位

3. 治安监控建设方案

该试点路段拟规划治安视频监控、交通监控合建于智慧灯杆上，本次共规划2根智慧灯杆设置治安视频监控功能。由于治安视频的特殊性，视频的数据回传通过智慧灯杆预留的两芯光纤（裸芯）传回治安视频系统。平台不参与数据的回传，以保证数据的隐蔽性和安全性。供电则用智慧灯杆提供的电源端子。

拟规划智慧灯杆（治安视频监控）点位如图8-35所示。

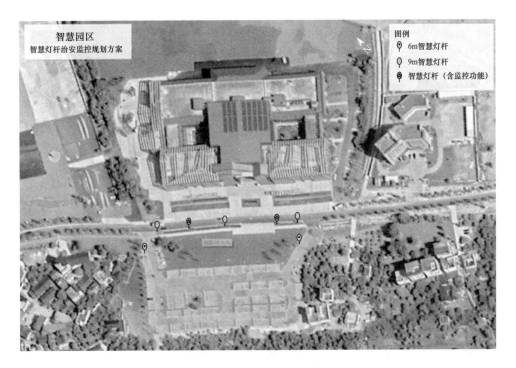

图8-35 拟规划智慧灯杆（治安视频监控）点位

4. LED彩屏建设方案

该试点路段拟规划LED彩屏合建于智慧灯杆上，本次共规划5根智慧灯杆设置LED彩屏功能。利用光纤与平台进行对接，管理部门可以在后台信息发布平台远程发送内容到信息公告屏。供电则用智慧灯杆提供的电源端子。其他智慧灯杆预留LED彩屏安装空间和配套，后期可根据需求配置LED彩屏。

拟规划智慧灯杆（LED彩屏）点位示意图如图8-36所示。

5. 通信基站建设方案

为了缓解通信容量需求不断上升与通信基站建设密度不够的矛盾，改善信号覆盖状况，利用灯杆架设基站将是一个有效的措施。由于通信运营商拥有自己独立的通信网络，本方案只提供光纤通至综合机箱。供电则用智慧灯杆提供的电源端子。

图8-36 拟规划智慧灯杆（LED彩屏）点位

经现场联合勘察试点区域，结合周边基站布局情况，综合考虑运营商的需求情况，布置3根智慧灯杆都搭载通信设备，拟新增通信功能智慧灯杆布局如图8-37所示。

图8-37 拟新增通信功能智慧灯杆布局

302

智慧园区试点区域的市政道路通过智慧灯杆的微型基站部署，满足主会场、道路及广场的无线覆盖，满足5G演进，解决智慧城市无线通信、手机上网、"物联网＋应用"回传链路等一系列问题。

6. 公共WiFi建设方案

为了实现园区无线网络信号全覆盖，便于为园区工作人员、访客提供免费上网服务，本项目在智慧灯杆上安装公共WiFi设备。所部署的WiFi设备还可以实现人流统计、广告推送、快速导航、快速定位等功能，为园区运营管理提供基础数据。

本试点拟新增公共WiFi功能智慧灯杆布局如图8-38所示。

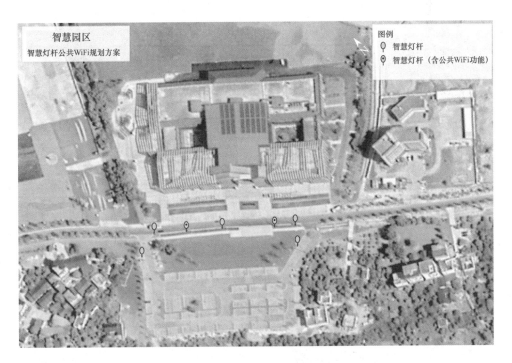

图8-38　拟新增公共WiFi功能智慧灯杆布局

7. 公共广播建设方案

公共广播实现自动/手动播放背景音乐、寻呼广播、业务广播；发生紧急事件时，系统将广播权强行切换到紧急广播状态进行远程指挥，紧急广播具有最高优先控制级别。本案例中的智慧园区试点建设5个公共广播，通过智慧灯杆综合管理平台与主会场广播系统联动发布广播信息。

本试点拟新增公共广播功能智慧灯杆布局如图8-39所示。

图8-39　拟新增公共广播功能智慧灯杆布局

8. 环境监测建设方案

温湿度监测系统主要由室外/室内CO传感器、CO_2传感器、室外温度传感器、雨水流量计、水流开关、DDC现场控制器、服务器、操作系统等组成。温湿度监测系统可通过模拟转换数字的通信方式与其他系统进行联动，例如，可与相关的信息发布系统产生联动，让园区内工作人员及访客每天都能及时查看温湿度情况，告警、预警也可通过手机App等推送给园区业主。

本试点拟新增环境监测功能智慧灯杆布局如图8-40所示。

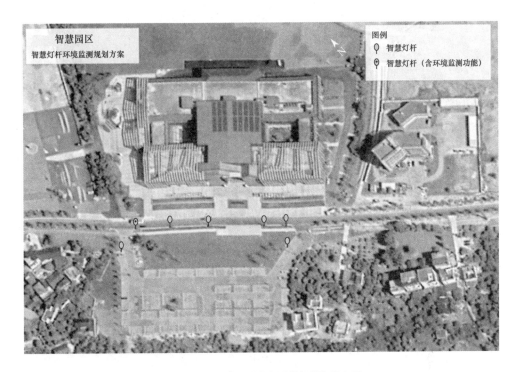

图8-40 拟新增环境监测功能智慧灯杆布局

8.3.3 项目总结

生态设计小镇智慧灯杆项目是我国率先落地实施的智慧灯杆园区试点项目,也是功能最齐全的智慧灯杆项目之一,是集通信基站、LED显示屏、视频监控、气象监测、充电桩、无线WiFi和广播功能为一体的智慧灯杆布局,秉承绿色生态共享的设计理念,通过"外电、传输、无线通信同步规划、同步设计、同步施工、同步验收",为未来5G智慧生态园区、智慧数字城市设计打造的一条智慧道路。

智慧园区智慧灯杆建设效果如图8-41所示。

图8-41　智慧园区智慧灯杆建设效果

$\bigcirc$ 8.4 智慧商圈应用案例 $+$

8.4.1 项目背景

2019年年初，商务部印发《关于开展步行街改造提升试点工作的通知》，决定对全国11条步行街开展步行街改造提升试点工作，建设一批具有国际国内领先水平的步行街，满足人民日益增长的美好生活需要。

本项目商圈步行街被纳入首批试点，是一条集文化、娱乐、商业于一体的街道，地处城市中心位置，也是该市历史上最繁华的商业集散地，日均人流量约40万人次，节假日达到60万人次以上，高峰值达百万人次。为响应商务部的工作，本项目在此商圈步行街规划新建66根智慧灯杆，其中综合杆20根、挂屏杆21根、普通杆21根、高杆4根。项目规划示意图如图8-42所示。

图8-42 项目规划示意图

8.4.2　项目分析

1. 杆型设计

杆型设计灵感来自该市骑楼罗马柱，辅以杆体本身特点，对仿照罗马柱进行设计升华，灯头样式来自西关大屋常见的南洋风，现代化智能设备搭配该市骑楼，打造本商圈步行街历史与现代交相呼应之典范。杆型设计效果如图8-43所示。

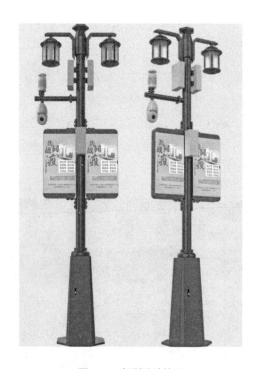

图8-43　杆型设计效果

2. 杆上挂载功能应用

夜晚是步行街最主要的经营时段，不同时段游人数量变化较大，本项目智慧灯杆具有路灯单灯控制、随日照自动调节光亮、自动开关灯、倾斜报警、水浸报警、漏电断电等功能，到了深夜时段，还能进入睡眠模式，将灯光控制在最低安全照度，并全部集中到路面，不影响周边居民。

同时，本项目建设智慧灯杆接入运营主体单位自研的智慧灯杆管理云平台，为挂载的 5G 微基站、治安监控、信息发布屏、语音音箱提供技术支撑，确保智慧灯杆的物理安全、用电安全与信息安全。智慧灯杆还预留了孔位及接口，具有很强的扩展性，为后期新增消费数据采集、消费信息发布等设施提供安装条件。

8.4.3　项目总结

本项目建设的 66 根智慧灯杆，通过搭载智慧照明、智慧安防、气象监测、语音播报等综合智慧应用功能，全面提升街区智慧化服务水平；同时，通过在杆上挂载 LED 双面屏，在 LED 屏上第一时间将商业信息、时政动态、党建热点、重要讲话精神传达给广大人民群众，是智慧商圈及党建宣传智能化的创新实践。

此外，通过在智慧灯杆上搭载 5G 微站，此商圈步行街也成为全国首个 5G 网络全覆盖的试点步行街，推进引入各类 5G 智慧应用投入步行街的管理服务，促使步行街智慧服务水平全面升级。

智慧商圈多功能智慧灯杆建设效果如图 8-44 所示。

图 8-44　智慧商圈多功能智慧灯杆建设效果

$\bigcirc$ 8.5 小结 $+$

　　智慧灯杆建设是智慧城市建设的重要组成部分,全国多地开展智慧灯杆试点建设,为智慧灯杆大规模建设和应用奠定了基础。

　　智慧灯杆的目的在于完成基本照明功能的同时,承担其他公共服务功能,并进行广域的城市感知,采集大量数据,减少道路设施的公共经费投入,丰富多元化行业应用建设,提供颗粒度更细的便民服务,夯实新型智慧城市中信息基础设施建设的理论与实践基础,利用先进的信息技术构建城市的基础设施神经网络,让城市具有智能协同、资源共享、互联互通、全面感知的特点,实现城市智慧化服务和管理,解决城市发展难题,实现可持续发展。沿着路灯的强电网络同时铺设光纤和微基站等无线传输设备,可形成一张完整的数据采集和双向通信的物联网络,运用云存储、云计算和大数据技术,构建开放、兼容的智慧城市基础物联网软硬件大数据管理平台,构建"城市大脑"中枢。通过智慧路灯杆对城市海量数据进行规范化组织、梳理和分析,实现对城市各领域的精确化管理和资源的集约化利用,降低城市能耗、减少环境污染、消除安全隐患、提升综合竞争力,实现城市管理的科学化、智能化。

参考文献

[1] 杨亚西. PPP在智慧城市项目中的运用研究 [J]. 科技经济导刊，2018（16）：161-161.

[2] 柳庆勇，王海滨，王天小，等. 城市多功能智能杆投资建设运营模式研究 [J]. 智能城市，2018(20).

[3] 李英. 大数据时代下智慧城市建设项目运营模式分析 [J]. 工程建设与设计，2019（16）：226.

[4] 张育雄，王思博. 国外智慧城市推进模式对我国的启示 [J]. 通信管理与技术，2016（5）：21-24.

[5] 韩普. 社会化媒体环境下公众参与智慧城市管理的众包概念模型研究 [J]. 现代情报，2018（7）：19-22.

[6] 袁胜强，胡程，欧阳君涛. 智慧城市云平台构建研究 [J]. 土木建筑工程信息技术，2018（1）：22-26.

[7] 何保国，洪亮，段红伟，等. 中小型智慧城市建设的探索与思考 [J]. 地理空间信息，2019（1）：1-7.

[8] 成竹. 重庆市江津区新型智慧城市建设问题与对策研究 [D]. 武汉大学，2019.

[9] 2019全球智慧杆产业研究报告 [M]. 深圳：深圳市智慧杆产业促进会，2019：26-32.

[10] 中国信息通信研究院新基建产品手册（2020年4月版）[M]. 北京：中国信息通信研究院，2020：8，12.

[11] 新基建发展白皮书 [EB/OL]. 北京：赛迪智库电子信息研究所，2020：2-3.

[12] 吴绪亮：新基建与数字中国发展的战略逻辑 [EB/OL]，2020.

[13] 臧锋，黄李奔，王鹏展. 基于城市综合杆件的物联感知网络及交互体系 [J]. 照明工程学报，2019（1）.

[14] 物联网终端白皮书（2019）[EB/OL]. 物联网安全创新实验室，2019.

[15] 大数据处理关键技术主要有五种，具体指的是什么？[EB/OL]. https://blog.csdn.net/kangshifu66/article/details/93782965.2019/06.

[16] 人工智能 [EB/OL]. https://blog.csdn.net/qq_42403069/article/details/98978806.2019/08.

[17] 中华人民共和国国家标准《智慧城市顶层设计指南》（GB/T 36333—2018）.

[18] 中华人民共和国国家标准《智慧城市技术参考模型》（GB/T 34687—2017）.

[19] 中国通信企业协会团体标准《智慧灯杆总规范——第1部分：框架、场景和总体要求》T/CAICI 23.1-2020.

[20] 广东省地方标准《智慧灯杆技术规范》（DBJ/T 15-164—2019）.

[21] 中华人民共和国行业标准《城市道路照明设计标准》（CJJ 45—2015）.

[22] 前瞻产业研究院. 2020年中国5G基站建设行业报告.

反侵权盗版声明

电子工业出版社依法对本作品享有专有出版权。任何未经权利人书面许可，复制、销售或通过信息网络传播本作品的行为；歪曲、篡改、剽窃本作品的行为，均违反《中华人民共和国著作权法》，其行为人应承担相应的民事责任和行政责任，构成犯罪的，将被依法追究刑事责任。

为了维护市场秩序，保护权利人的合法权益，我社将依法查处和打击侵权盗版的单位和个人。欢迎社会各界人士积极举报侵权盗版行为，本社将奖励举报有功人员，并保证举报人的信息不被泄露。

举报电话：（010）88254396；（010）88258888

传　　真：（010）88254397

E-mail：　dbqq@phei.com.cn

通信地址：北京市万寿路 173 信箱

　　　　　电子工业出版社总编办公室

邮　　编：100036